国家中等职业教育改革发展示范学校建设系列成果

教育部中等职业教育专业技能课立项教材
中等职业学校服装专业教材

服装设计

FUZHUANG SHEJI

主　编　贺　云

副主编　赖小红　梁　晔

参　编　刘春燕　黄　飚　马小锋

　　　　肖婷庭　张　涛

U0240617

重庆大学出版社

图书在版编目（CIP）数据

服装设计/贺云主编． 一重庆：重庆大学出版社，
2015.4
中等职业学校服装专业教材
ISBN 978-7-5624-8992-4

Ⅰ.①服… Ⅱ.①贺… Ⅲ.①服装设计—中等专业学
校—教材 Ⅳ.①TS941.2

中国版本图书馆CIP数据核字（2015）第075216号

服装设计

主　编　贺　云
副主编　赖小红　梁　晔
策划编辑：蹇　佳

责任编辑：李桂英　　版式设计：蹇　佳
责任校对：贾　梅　　责任印制：赵　晟

*

重庆大学出版社出版发行
出版人：邓晓益
社址：重庆市沙坪坝区大学城西路21号
邮编：401331
电话：(023) 88617190　88617185（中小学）
传真：(023) 88617186　88617166
网址：http://www.cqup.com.cn
邮箱：fxk@cqup.com.cn（营销中心）
全国新华书店经销
自贡兴华印务有限公司印刷

*

开本：787×1092　1/16　印张：11　字数：281千
2015年4月第1版　2015年4月第1次印刷
印数：1—3 000
ISBN 978-7-5624-8992-4　定价：44.00元

重庆市工贸高级技工学校服装设计与工艺专业教材编写委员会名单

主　任　叶　干

副主任　张小林　刘　洁

委　员　马小锋　刘春燕　黄　飚　贺　云

　　　　张　涛　赖小红　肖婷庭

审　稿　赵宁一　雷　勇　刘　洁

合作企业：

重庆美庭服饰有限公司

重庆新旺族服饰

重庆立泰服饰

重庆森格莉雅服饰

重庆锐和服饰管理有限公司

香港唐璜原创服饰会馆

重庆瀚麟定制

序 言

重庆市工贸高级技工学校实施国家中职示范校建设计划项目取得丰硕成果。在教材编写方面，更是量大质优。数控技术应用专业6门，汽车制造与检修专业4门，服装设计与工艺专业3门，电子技术应用专业3门，中职数学基础和职业核心能力培养教学设计等公共基础课2门，共计18门教材。

该校教材编写工作，旨在支撑体现工学结合、产教融合要求的人才培养模式改革，培养适应行业企业需要、能够可持续发展的技能型人才。编写的基本路径是，首先进行广泛的行业需求调研，开展典型工作任务与职业能力分析，建构课程体系，制定课程标准；其次，依据课程标准组织教材内容和进行教学活动设计，广泛听取行业企业、课程专家和学生意见；再次，基于新的教材进行课程教学资源建设。这样的教材编写，体现了职业教育人才培养的基本要求和教材建设的基本原则。教材的应用，对于提高人才培养的针对性和有效性必将发挥重要作用。

关于这些教材，我的基本判断是：

首先，课程设置符合实际，这里所说的实际，一是工作任务实际，二是职业能力实际，三是学生实际。因为他们是根据工作任务与职业能力分析的结果建构的课程体系。这是非常重要的，唯有如此，才能培养合格的职业人。

其二，教材编写体现六性。一是思想性，体现了立德树人的要求，能够给予学生正能量。二是科学性，课程目标、内容和活动设计符合职业教育人才培养的基本规律，体现了能力本位和学生中心。三是时代性，教材的目标和内容跟进了行业企业发展的步伐，新理念、新知识、新技术、新规范等都有所体现。四是工具性，教材具有思想品德教育功能、人类经验传承功能、学生心理结构构建功能、学习兴趣动机发展功能等。五是可读性，多数教材的内容具有直观性、具体性、概况性、识记性和迁移性等。六是艺术性，这在教材的版式设计、装帧设计、印刷质量、装帧质量等方面都得到体现。

其三，教师能力得到提升。在示范校建设期间，尤其在教材编写中，诸多教师为此付出了宝贵的智慧、大量的心血，他们的人生价值、教师使命得以彰显。不仅学校不会忘记他们，一批又一批使用教材的学生更会感激他们。我为他们感到骄傲，并向他们致以敬意。

重庆市教科院职成教研究所　谭绍华

2015年3月

前　言

　　服装设计是一门综合性、多元化的应用性学科。服装设计以服装为载体，运用恰当的设计语言，通过一定的思维形式、美学规律和设计程序，将设计师的思想个性与品牌概念、设计主题、时尚流行融合在一起，最终以物化的形式完成对整个着装状态的创作。作为现代设计的一个门类，服装设计需要综合考虑和分析消费者的不同需求，在赋予服装艺术与商业价值的同时，体现功能和审美的统一。

　　本书的主要内容是让学生掌握服装设计的相关知识，并能根据要求，进行款式设计并绘制出服装效果图。能对服装进行面料搭配、色彩设计及搭配。能胜任服装设计师、造型设计师、服饰陈列设计师及助理岗位。旨在培养学生对服装设计全面认识的同时，达到启发学生的创造性思维，提高设计能力和艺术鉴赏能力的目的。

　　本书共分为六个项目，每个项目有各自的子任务，结合现代服装设计的理念进行分类论述，内容包括：小部件设计、裙装款式设计、裤装款式设计、衬衫款式设计、外套款式设计、西装款式设计。通过大量的效果图与实例图片，直观地展现服装设计和搭配技巧，提高学生们的审美意识。

　　本书由贺云主编，编写了项目一、项目二和项目四；赖小红和梁晔共同编写了项目三、项目五和项目六。由红枫庭服饰有限公司总经理赵宁一担任主审。参与编写的老师有马小锋、刘春燕、黄飚、张涛、肖婷庭。还有许多老师为本书提供了图片资料以及提出编写修改建议，在此一并表示衷心感谢。

　　对书中存在的问题和不足之处，恳请大家批评、指正。

2015年2月

目 录 *contents*

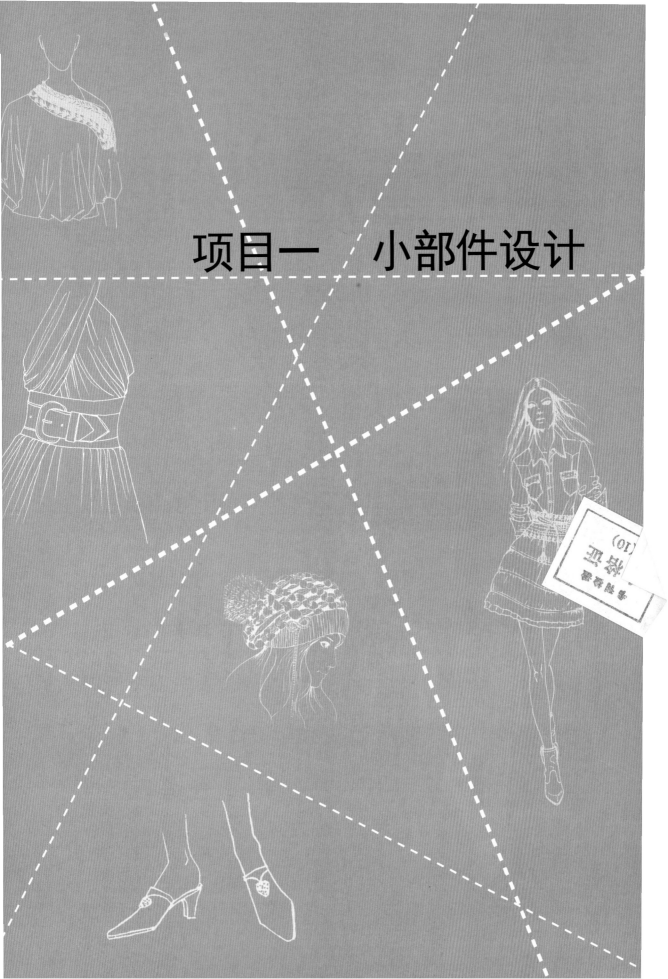

项目一　小部件设计

单元描述

　　小部件设计是设计课程的基础,是最基本的设计应用,是锻炼学生手、眼、脑结合的训练方式,能够带领学生更容易地入门服装设计,提高学习服装设计课程的兴趣。本章内容包括袖套设计、围裙设计、各式手工包设计。

　　在这些基本项目的设计练习中,既要考虑设计的审美性,又要注重使用的功能性,注重不同面料的灵活搭配运用,适当结合拼接、褶皱等多种手段营造不一样的面料质感。

技能目标

　　通过本任务学习,你应该:

　　(1)会设计袖套、围裙、手工包等小部件的基础款式。

　　(2)能在基础款式的基础上,对小部件进行变化款设计。

　　(3)能够独立完成既具有审美性,又符合人体功能性的作品。

　　(4)会色彩搭配。

　　(5)能够运用面料拼接、重组、再造元素设计款式。

知识目标

　　(1)能按照基础袖套、围裙款式图进行款式分析。

　　(2)了解面料特点、款式、规格。

　　(3)会运用正确方法进行面料估算,掌握面料整理能力,培养对于放松量的控制能力。

　　(4)了解袖套、围裙、手工包等的质量要求,树立服装品质概念。

　　(5)能分析同类小部件的款式特点。

任务一　袖套设计

一、任务书

1. 任务要求

设计一款最常用、最简洁的袖套基础造型。

2. 技能目标

通过本任务学习,你应该:

(1)能设计基础袖套款式。

(2)掌握放松量的控制能力。

(3)能在基础款式的基础上,对袖套进行变化款设计。

(4) 会色彩搭配。

(5) 能够运用面料拼接、重组、再造元素设计款式。

二、知识链接

1. 袖套的概念

袖套,也称套袖,是戴在袖管外的套子,旨在保护衣服前臂袖管的洁净。适用于厨房作业、打扫卫生、工作防护等,使用方便。袖套非常适合学生和伏案工作的人员使用,可以避免笔墨弄在衣袖上,保持整洁。

2. 袖套的分类

袖套以其面料及适用季节可分为轻薄型袖套和保暖型袖套。

(1) 轻薄型袖套:主要为涤纶、莱卡、纯棉、针织棉面料。轻薄透气,柔软贴身,有弹性,还具有防晒作用。

(2) 保暖型袖套:主要为抓绒、夹棉、皮革面料,保暖性强,弹性稍差,是冬季的首选。

3. 袖套的样式

图1-1 花边袖套　　　　　　图1-2 镶边袖套　　　　　　图1-3 普通薄型袖套

三、任务实施

图1-4 普通薄型袖套设计　　图1-5 花边袖套设计

【小贴士】

(1) 款式自然大方,既符合审美要求,又适合使用的功能性。

(2) 设计作品要求整洁,着装模特比例适当。

(3) 款式色彩搭配协调,元素运用恰当。

四、学习拓展

设计并制作一款卡通袖套 (图1-6~图1-9)。

图1-6

图1-7

图1-8

图1-9

五、检查与评价

序 号	具体指标	分 值	自 评	小组互评 (组员互评)	教师评价	小 计
1	符合设计要求	2				
2	画面线条流畅	2				
3	色彩搭配和谐	2				
4	独立自主完成任务	2				
5	创意性	2				
合 计		10				

任务二　围裙设计

一、任务书

1. 任务要求

设计一款最常用、最简洁的围裙基础造型。按照任务书要求对围裙进行款式分析,了解其功能特点,会运用正确的方法进行放松量估算,培养对放松量的控制能力。了解围裙的质量要求。树立服装品牌的概念,能分析同类型服装的款式特点,并进行变化款设计。

2. 技能目标

通过本任务学习,你应该:

(1) 能设计基础围裙的款式。

(2) 掌握放松量的控制能力。

(3) 能在基础款式的基础上,对围裙进行变化款设计。

(4) 会色彩搭配。

(5) 能够运用面料拼接、重组、再造元素设计款式。

二、知识链接

1. 围裙的概念

指围在身前用以遮蔽衣服或身体的裙状物,后来被人们用来做饭时围在身上隔离油污。

围裙在藏语里称为"帮单",是广大藏族妇女十分喜欢的生活用品,也是藏族妇女的标志。这里的围裙多为已婚妇女系带,慢慢地,青年未婚妇女也喜欢带了。在喜庆的节日里,妇女们腰系围裙,欢歌起舞,如花团锦簇一般,五彩缤纷,艳丽多姿。围裙主要产地在拉萨、日喀则、山南等地,尤以贡嘎县姐德秀区生产的围裙最为著名,姐德秀区向有"围裙之乡"的美称。

2. 围裙的分类

根据面料的不同,市面上的围裙主要分为六类:橡胶围裙、无纺布围裙、RPET桃皮绒围裙、纯棉围裙、绸缎围裙、帆布围裙。

3. 围裙的样式

根据裁剪和缝制工艺的不同,围裙样式分为四种:

(1) 半身围裙:像个半身裙子那样只围下半身 (图1-10、图1-11)。

(2) 挂脖围裙,靠近脖子的地方有带子,系在脖子上,下半身围裙系在腰上 (图1-12、图1-13)。

(3) 背心围裙,肩膀像背心一样套上去,腰也是系起来的 (图1-14、图1-15)。

（4）全身围裙，从袖子到脖子都覆盖的那种，类似罩衣（图1-16、图1-17）。

（5）儿童围兜，0—5岁小朋友使用，类似于全身围裙，型号更适合小孩的身形需要（图1-18）。

图1-10

图1-11

图1-12

图1-13

图1-14

图1-15

图1-16   图1-17   图1-18

三、任务实施（图1-19~图1-24）

图1-19 半身围裙设计   图1-20 挂脖式女围裙设计

图1-21 挂脖式男围裙设计

图1-22 全身式围裙设计

图1-23 挂脖式围裙

图1-24 儿童围兜

【小贴士】

(1)款式自然大方,既符合审美要求,又适合使用的功能性。

(2)设计作品要求整洁,着装模特比例适当。款式色彩搭配协调,元素运用恰当。

四、学习拓展

设计并制作一件基本款围裙(图1-25~图1-32)。

图1-25

图1-26

图1-27

图1-28

图1-29

图1-30

图1-31

图1-32

五、检查与评价

序　号	具体指标	分　值	自　评	小组互评 (组员互评)	教师评价	小　计
1	符合设计要求	2				
2	画面线条流畅	2				
3	色彩搭配和谐	2				
4	独立自主完成任务	2				
5	创意性	2				
合　计		10				

任务三　手工包设计

一、任务书

1. 任务要求

设计一款最常用、最简洁的手工包基础造型。

2. 技能目标

通过本任务学习，你应该：

(1) 能设计基础手工包款式。

(2) 掌握放缝的控制能力。

(3) 能在基础款式的基础上，对手工包进行变化款设计。

(4) 会色彩搭配。

(5) 能够运用面料拼接、重组、再造元素设计款式。

二、知识链接

1. 手工包的概念

手工包指用人工缝制或编织的方式得到的盛装东西的物件。通过DIY的形式，根据各种不同的编织和缝制手法，可以得到样式不同、款式多样的手工包。

2. 手工包的分类

(1) 从面料的材质来分，分为布类、皮革类和其他材质类。

其中皮革类又分为比较常见的牛皮手工包、人造革手工包两大类。两种产品各有特色，就牛皮手工包而言，档次相对较高。缺点是价格比较昂贵，颜色上面比较单一，保养起来也比较麻烦。人造革手工包凭借着便宜、颜色鲜艳、易清洁等比较突出的优点，后来居上，逐渐占据了大部分的市场。

(2) 从手工包的工艺区分，比较常见的主要有编织、钩织、拼接、铆钉、穿条、镶钻等。

三、任务实施

设计并手工缝制一款工具包（图1-33~图-37）。

图1-33

图1-34

图1-35

图1-36

图1-37

【小贴士】

　　（1）款式自然大方，既符合审美要求，又适合使用的功能性。

　　（2）设计作品要求整洁，着装模特比例适当。

　　（3）款式色彩搭配协调，元素运用恰当。

四、学习拓展

　　设计并制作一个系列的工具包（图1-38~图1-53）。

图1-38

图1-39

图1-40

图1-41

图1-42

图1-43

图1-44

图1-45

图1-46

图1-47

图1-48

图1-49

图1-50

图1-51

图1-52

图1-53

五、检查与评价

序　号	具体指标	分　值	自　评	小组互评 (组员互评)	教师评价	小　计.
1	符合设计要求	2				
2	画面线条流畅	2				
3	色彩搭配和谐	2				
4	独立自主完成任务	2				
5	创意性	2				
合　计		10				

项目二　裙装款式设计

单元描述

　　裙装是女性和儿童经常穿着的基础服装样式，其基本款式按腰部和臀部的变化可以分为直身裙和A字裙。

技能目标

　　通过本任务学习，你应该：

　　（1）能分析基础裙装的结构，并进行款式设计。

　　（2）掌握裙装款式设计的基本要领。

　　（3）能了解裙装的概念和种类。

　　（4）能根据造型设计确定不同的设计风格。

　　（5）掌握裙装款式结构设计的重点在腰部、臀部。

知识目标

　　（1）能按照基础款式图进行款式设计分析。

　　（2）了解面料特点、款式、规格。

　　（3）会运用正确方法进行面料估算，掌握面料整理能力，培养对于放松量的控制能力。

　　（4）了解裙装的设计原理。

　　（5）能分析不同裙装的款式特点。

　　（6）能独立设计、绘制出裙装着装效果图。

任务一　直身裙款式设计

一、任务书

1. 任务要求

设计一款最基本、最常见、最简洁的直身西服裙的基础造型。

2. 技能目标

通过本任务学习，你应该：

（1）能分析直身裙的服装结构，并进行不同分割线款式设计。

（2）掌握直身裙款式设计的基本要领。

（3）了解直身裙的不同种类。

（4）掌握直身裙的款式结构设计的重点在腰部和臀部。

（5）能够运用面料拼接、重组、再造元素设计款式。

二、知识拓展

1. 裙子的概述

裙装是一种围于下体的服装，和裤装一并属于最基本的下装形式，一般由裙腰和裙体构成，有的只有裙体而无裙腰。腰部与臀部的款式造型，是裙装设计的关键。省道的变化、裙长、育克都是影响裙装款式造型是否优美合体的重要因素。

2. 裙子的分类

（1）按照外形轮廓分类可以分为：直身裙（图2-1）、A字裙（图2-2）。

（2）根据裙长的不同，可分为：超短裙（图2-3）、及膝裙（图2-4）、过膝裙（图2-5）、中长裙（图2-6）、长裙（图2-7）、拖地长裙（图2-8）等。

（3）根据腰节线的位置，可分为：高腰裙（图2-9）、中腰裙（图2-10）和低腰裙（图2-11）。

（4）根据结构工艺，可分为装腰（图2-12）和连腰（图2-13）。

图2-1

图2-2

图2-3

图2-4

图2-5

图2-6

图2-7　　　　　　　　　图2-8　　　　　　　　　图2-9

图2-10　　　　　　　　图2-11　　　　　　　　图2-12

3. 裙子的文化

　　裙子是中国传统服装最基本的形式，最早可追溯到战国时期，长短宽窄虽时有变化，可基本适型仍保留着最初的样式。我国有56个民族，在汉族的传统服装中，裙子占据着十分重要的地位。另外，有36个少数民族的服饰中涉及裙装。

　　在西方的历史长河中，裙子一般被包含在女装之中。但也有受传统文化影响的例外，如苏格兰式短裙就是苏格兰男子的代表着装。在亚洲，裙子是最普遍的服装之一，韩国的韩服，缅甸人的筒裙（男装称为"笼基"，女装称为"特敏"），印度图塔人的围裙等已成为其国家服装的一张名片。

图2-13

三、知识链接

1.直身裙的概念

直身裙为现代裙类的名称，又称"直统裙"，是裙类的新品种之一，特点是裙围和裙底摆围度基本一致，形成一种直筒式的形状。有时为了跨步方便，在近裙摆处接上一段收有褶裥的接边（图2-14）。

2.直身裙的分类

直身裙是结构较严谨的裙装款式，西服裙（图2-15）、旗袍裙（图2-16）、筒形裙（图2-17）、一步裙（图2-18）等都属于直裙结构。

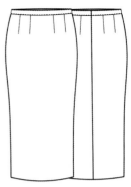

图2-14

图2-15

图2-16

图2-17

图2-18

3. 直身裙的样式

直身裙的样式变化主要体现在群片的长短、褶裥和分割线上较为突出。

四、任务实施

1. 直身裙的设计

(1)结构设计：直身裙的结构设计重点在于省道和分割线的运用 (图2-19~图2-22)。

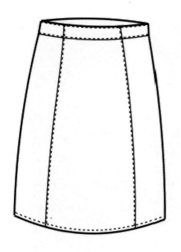

图2-19

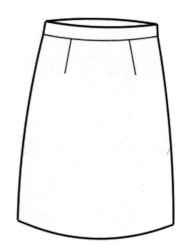

图2-20

图2-21

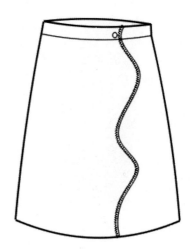

图2-22

(2) 造型设计: 直身裙的造型设计着重于臀围和底摆的少量宽窄变化 (图2-23~图2-26)。

图2-23

图2-24

图2-25

图2-26

(3) 装饰设计: 直身裙的装饰设计重点在于口袋、褶皱、拉链等元素的运用 (图2-27~图2-30)。

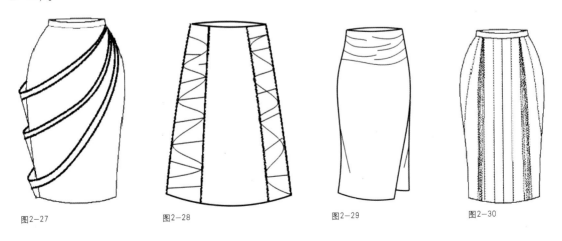

图2-27

图2-28

图2-29

图2-30

2. 直身裙着装效果图（图2-31~图2-35）

图2-32

图2-31

图2-33

图2-34

图2-35

【小贴士】

（1）款式自然大方，既符合审美要求，又符合使用的功能性。

（2）设计作品要求整洁，着装模特比例适当。

（3）款式色彩搭配协调，元素运用恰当。

五、学习拓展

直身裙穿着搭配（图2-36~图2-43）。

图2-36

图2-37

图2-38

图2-39

图2-40

图2-41

图2-42

图2-43

六、检查与评价

序　号	具体指标	分　值	自　评	小组互评 (组员互评)	教师评价	小　计
1	符合设计要求	2				
2	画面线条流畅	2				
3	色彩搭配和谐	2				
4	独立自主完成任务	2				
5	创意性	2				
	合　计	10				

任务二　A字裙款式设计

一、任务书

1. 任务要求

设计一款最基本、最常见、最简洁的A字裙的基础造型。

2. 技能目标

通过本任务学习,你应该:

(1) 能分析A字裙的服装结构,并进行不同分割线款式设计。

(2) 掌握A字裙款式设计的基本要领。

(3) 了解A字裙的不同种类。

(4) 掌握A字裙的款式结构设计的重点在于裙长和裙摆的宽度。

(5) 能够运用面料拼接、重组、再造元素设计款式。

二、知识链接

1. A字裙的概念

A字裙,指的是像A字样腰围处小,下摆较大的裙子,是许多白领通勤族们出行上班必备的单品之一。A字裙也是女装常用的外型,其具有活泼、潇洒、充满青春活力的造型风格 (图2-44)。

2. A字裙的样式

A字裙的样式变化主要体现在裙摆的宽度和裙长的变化上。如高腰半身A字裙（图2-45）、包臀半身雪纺A字裙（图2-46）、半身包臀职业A字裙（图2-47）、印花百褶A字裙（图2-48）、休闲A字裙（图2-49）等。

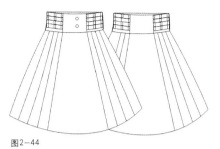

图2-44

图2-45

图2-46

图2-47

图2-48

图2-49

三、任务实施

1. A字裙的设计

(1) 结构设计：A字裙的结构设计重点在于省道和分割线的运用（图2-50～图2-53）。

图2-50

图2-51

图2-52

图2-53

(2)造型设计：A字裙的造型设计重点在于裙摆的变化（图2-54~图2-57）。

图2-54

图2-55

图2-56

图2-57

（3）装饰设计：A字裙的装饰设计重点在于口袋、褶皱、拉链等元素的运用（图2-58~图2-61）。

图2-58

图2-59

图2-60

图2-61

2. A字裙着装效果图（图2-62~图2-66）

图2-62

图2-63

图2-64

图2-65

图2-66

【小贴士】

（1）款式自然大方，既符合审美要求，又符合使用的功能性。

（2）设计作品要求整洁，着装模特比例适当。

（3）款式色彩搭配协调，元素运用恰当。

四、学习拓展

A字裙穿着搭配（图2-67~图2-94）。

图2-67

图2-68

图2-69

图2-70

图2-71

图2-72

图2-73

图2-74

图2-75

图2-76

图2-77

图2-78

图2-79

图2-80

图2-81

图2-82

图2-83

图2-84

图2-85

图2-86

图2-87

图2-88

图2-89

图2-90

图2-91

图2-92

图2-93

图2-94

五、检查与评价

序 号	具体指标	分 值	自 评	小组互评 (组员互评)	教师评价	小 计
1	符合设计要求	2				
2	画面线条流畅	2				
3	色彩搭配和谐	2				
4	独立自主完成任务	2				
5	创意性	2				
合 计		10				

项目三　裤装款式设计

单元描述

款式设计是服装设计的基础，它是最基本、最原始的服装设计，也是一切服装款式变化的基础，是从人体的结构角度出发，解析人与服装之间的基本关系，其中包括裤子的构成原理、款式造型变化等多方面的知识。

裤装款式设计主要分为男、女式西裤和男、女式牛仔裤及其款式变化的设计。

技能目标

通过本任务学习，你应该：

(1)能分析基础服装结构，并进行款式设计。

(2)掌握款式设计的基本要领。

(3)能了解裤子的不同概念和种类。

(4)能根据造型确定不同的设计风格。

(5)学会裤子的款式结构设计的重点在腰部、门襟、脚口。

(6)了解裤装的部件设计。

知识目标

(1)能按照基础款式图进行款式设计分析。

(2)了解面料特点、款式规格。

(3)会运用正确的方法进行面料估算，掌握面料整理能力，培养服装设计的基本能力。

(4)了解裤装在设计中的原理。

(5)能分析不同裤装的款式特点。

(6)能根据款式效果图想象穿在人体上的效果。

任务一　西裤款式设计

一、任务书

1. 任务要求

设计一款最基本、最常用、最简洁的西裤。

2. 技能目标

通过本任务学习，你应该：

(1)能分析基础裤装结构，并进行款式变化设计。

(2)掌握款式设计的基本要领。

(3)能了解裤子的不同种类。

(4)能根据造型确定不同的设计风格。

(5) 掌握裤子的款式结构设计的重点在腰部、门襟、脚口。

(6) 掌握裤装的部件设计要点。

二、知识拓展

1. 裤子的概述

裤子是指人穿在腰部以下的服装，一般由一个裤腰、一个裤裆、两条裤腿缝纫而成，用绳子系于腰下，而女人没有，因她们不用工作的。后来女人也要工作，也有了裤子，裤子也变得紧身起来，不同的款式会有相应的变化与区别。

2. 裤子的分类

(1) 裤子以廓形的结构构成可分为直筒形、锥形、喇叭形、裙裤形。

①直筒裤 (图3-1)：直筒裤的臀围处比较合体，裤脚呈直筒形。一般情况，裤脚的宽度应比中档小1~2 cm，长度为基本裤长。

②锥形裤 (图3-2)：在造型上夸张胯部，脚口处偏小，呈倒梯形。在设计过程中采用腰部作褶及高腰等处理方法，裤长一般控制不宜超过足踝点，当减少量小于足围时，应采用开衩处理。

③喇叭裤 (图3-3)：在造型上收紧臀围，加大裤脚的宽度，形成梯形，低腰、无省在中档线向上移动而形成大、中、小的不同喇叭裤。

④裙裤 (图3-4)：裙裤是裙和裤的结合设计，既有裙子的风格，又有裤子的裆缝，裙裤的上裆部分与裙子相同，下裆部分由两个裤腿构成，裤筒的结构又趋向于裙子的廓形。

图3-1　　　　　　图3-2　　　　　　图3-3　　　　　　图3-4

（2）裤子以长度可分为：超短裤（图3-5）、短裤（图3-6）、及膝短裤（图3-7）、过膝短裤（图3-8）、七分裤（图3-9）、八分裤（图3-10）、九分裤（图3-11）、长裤（图3-12）等。

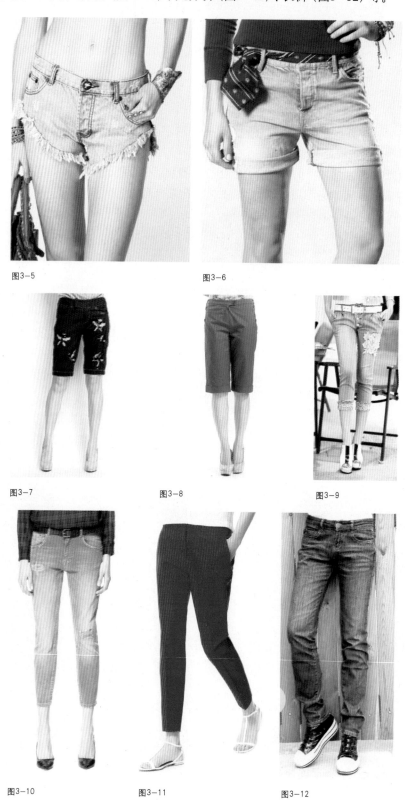

图3-5　　　　　　　　　　图3-6

图3-7　　　　　　　　　图3-8　　　　　　　　　图3-9

图3-10　　　　　　　　　图3-11　　　　　　　　　图3-12

（3）裤子以腰部形态可分为：连腰裤（图3-13）、中腰裤（图3-14）、高腰裤（图3-15）、低腰裤（图3-16）等。

图3-13　　　　　　　图3-14　　　　　　　图3-15　　　　　　　图3-16

（4）裤子以整体形态可分为：马裤（图3-17）、灯笼裤（图3-18）、哈伦裤（图3-19）、喇叭裤（图3-20）、直筒裤（图3-21）、锥子裤（图3-22）、裙裤（图3-23）等。

图3-17　　　　　　　图3-18　　　　　　　图3-19　　　　　　　图3-20

图3-21   图3-22   图3-23

（5）裤子以性别可分为：男裤、女裤。

3.裤子的文化

裤子是中国传统文化服装最基本的形式，中原地区的古人穿上有裆裤子是从战国时期才开始的。当时赵国赵武灵王在邯郸实行"胡服骑射"的军事改革，就是穿胡人的服装，学习胡人骑马射箭的作战方法，此后，中原人才穿裤子。到了汉代，汉昭帝时才把有裆的裤叫作"裤"。

三、知识链接

1.西裤的概念

西裤就是西服的裤子，以前西裤都是和西装成套的，不过现在很多都是单独的裤子了。很早以前，西服叫"洋装"或"洋服"，是欧洲男士设计穿着的礼仪服装。后来随着国家与国家的交往逐渐传到了中原，就是中国，也就慢慢有了西装。因为一般我们都将那些国家称为西方国家，所以"西服"这个名词就产生了，意思就是西方人穿的服装，它的裤子也就称为"西裤"（图3-24）。

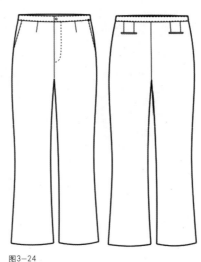

图3-24

2. 西裤的分类

西裤结构是较为普通的裤装款式，如西裤(图3-25)、合体裤(图3-26)、休闲裤(图3-27)等都属于西裤结构。

图3-25   图3-26   图3-27

3. 西裤样式

一般较正规的西裤都属于适中型，这种类型的裤子具有直线形的轮廓，从腰部到裤脚有适当的放松度。造型简洁合体，强调功能性而较少附加装饰。由于舒适实用、庄重大方，所以不同年龄、职业的男性、女性都可穿着，是一种带普通性的裤装。

西裤的样式变化主要体现在裤子的长度、折褶和裤形变化上。

四、任务实施

1. 西裤的设计

(1) 结构设计：西裤的结构设计重点在于省道和分割线的变化(图3-28)。

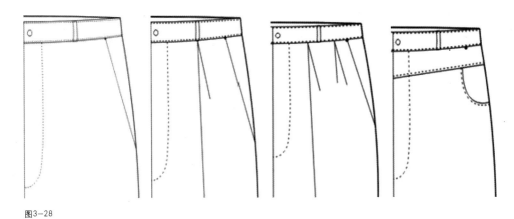

图3-28

（2）造型设计：西裤的造型设计重点在于腰的高低和裤形宽松度的变化(图3-29)。

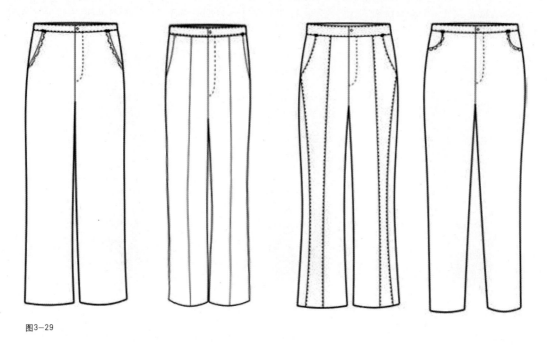

图3-29

（3）装饰设计：西裤的装饰设计重点在于脚口处的不同形状和设计，有无翻边裤脚、翻边裤脚、斜裤脚、喇叭式裤脚等(图3-30)。

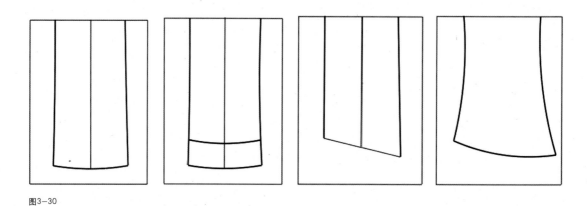

图3-30

（4）部件设计：传统的裤子部件简单，且已形成一定的格式，大多仅在口袋的造型结构上改变，如侧缝袋、斜插袋、贴袋等，以及在口袋的形态及位置的安排、装饰部件的采用上改变(图3-31)。

2. 面料选用

裤子面料的选用依据穿着功能与裤形风格而定。一般西裤以毛料、棉布、麻织物、化纤织物等较为合适。

3. 西裤着装效果图（图3-32~图3-36）

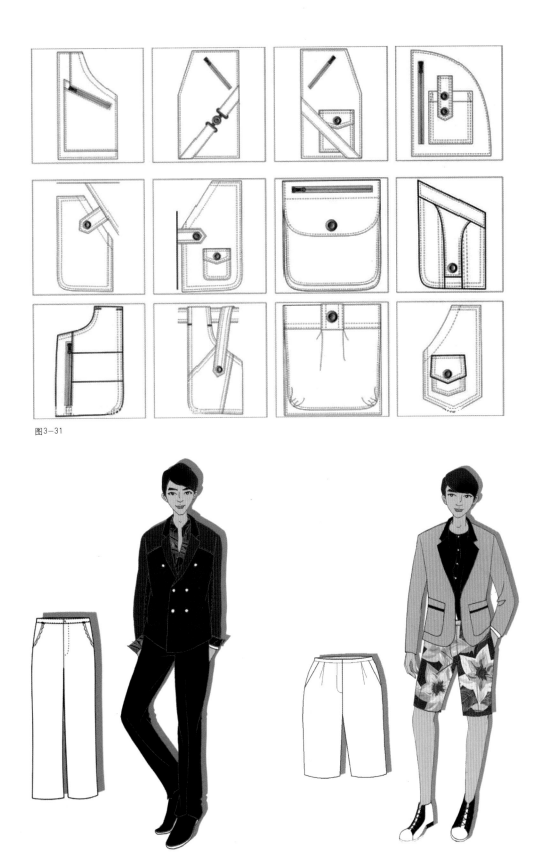

图3-31

图3-32

图3-33

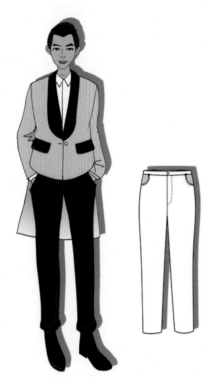

图3-34

图3-35

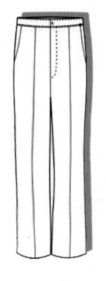

图3-36

【小贴士】

（1）款式自然大方，既符合审美要求，又适合使用的功能性。

（2）设计作品要求整洁，着装模特比例适当。

（3）款式色彩搭配协调，元素运用恰当。

五、学习拓展

裤装穿着搭配（图3-37~图3-48）。

图3-37

图3-38

图3-39

图3-40

图3-41

图3-42

图3-43

图3-44

图3-45

图3-46

图3-47

图3-48

六、检查与评价

序　号	具体指标	分　值	自　评	小组互评 (组员互评)	教师评价	小　计
1	符合设计要求	2				
2	画面线条流畅	2				
3	色彩搭配和谐	2				
4	独立自主完成任务	2				
5	创意性	2				
合　计		10				

任务二　牛仔裤款式设计

一、任务书

1. 任务要求

设计一款最基本、最常用、最简洁的牛仔裤的基础造型。

2. 技能目标

通过本任务学习,你应该:

(1) 能分析基础服装结构,并进行款式设计。

(2) 掌握款式设计的基本要领。

(3) 能了解牛仔裤的不同种类。

(4) 能根据造型确定不同牛仔裤的设计风格。

(5) 学会牛仔裤的款式结构设计的重点在外形、腰部、门襟、脚口。

(6) 能运用面料拼接、重组、再选元素设计款式。

二、知识链接

1. 牛仔裤的概念

牛仔裤也称为裂帛裤 (图3-49),原来是指用一种靛蓝色粗斜纹布裁制的直裆裤,裤脚窄,缩水后穿着紧包臀部的长裤。因其最早出现在美国西部,曾受到当地的矿工和牛仔们的欢迎,故名牛仔裤(Jeans)。

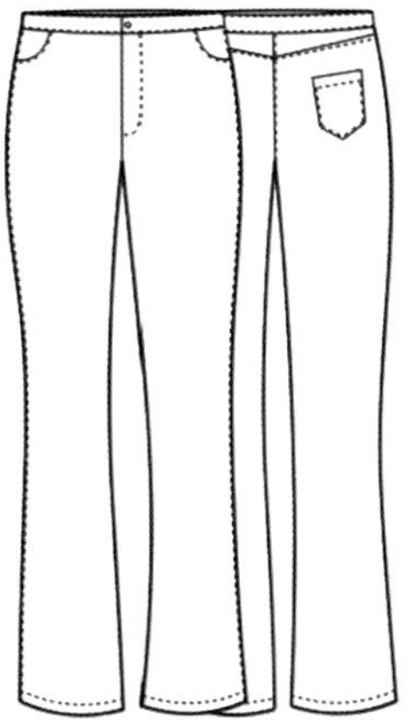

初期时的牛仔裤大多用劳动布(又名坚固呢)裁制。衣缝沿边缉双道橘红色的缝线针迹,并缀以铜钉和铜牌商标。随着时代的变迁,牛仔裤的发展已今非昔比。时装化已是牛仔裤的主要发展方向,牛仔裤可谓是一年四季永不凋零的明星产品,被列为"百搭服装之首"。

由于牛仔裤款式具有更加多元化、时装化、休闲化的发展趋势,大量的配饰五金、皮革、针织、色布拼接等制造工艺在中国得到快速的发展和使用。版型也从最早的直筒发展出来了修身、韩版、小脚、小直筒、袴裤哈伦、休闲、商务、连体、复古、喇叭等各种新类型。

2. 牛仔裤的分类

(1) 按裤形分类,可分为:瘦窄形(图3-50)、小脚裤形(图3-51)、直筒形(图3-52)、小喇叭裤管形(图3-53)、大喇叭裤管形(图3-54)。

瘦窄形:强调体态优美的款式。

小脚裤形:最近几年流行的,注重裤形的休闲度。

直筒形:牛仔裤最基本的款式。

小喇叭裤管形:考虑到穿高帮鞋时的方便,裤管稍大。

大喇叭裤管形:20世纪70年代风靡一时的款式,膝盖以下的裤管极大。

图3-50

图3-51

图3-52

图3-53

图3-54

(2) 按腰际线的高低分类,可分为:

高腰牛仔裤(图3-55):裤腰位于肚脐以上,20世纪七八十年代在华人地区广泛流行。

中腰牛仔裤(图3-56):裤腰位于肚脐以下,胯骨以上,是如今最为常见的牛仔裤款式。

低腰牛仔裤(图3-57):裤腰位于胯骨以下,低腰牛仔裤多为女士款式,但追求性感效果的男士牛仔裤也常有低腰或中腰款式出现。

图3-49

图3-55　　　　　　图3-56　　　　　　图3-57

（3）按丹宁布单位面积质量分类，可分为：

轻型牛仔裤：每平方码丹宁布质量小于8盎司的牛仔裤。

中型牛仔裤：每平方码丹宁布质量大于8盎司，小于13盎司的牛仔裤。

重型牛仔裤：每平方码丹宁布质量大于13盎司的牛仔裤。

三、任务实施

1.牛仔裤的设计

（1）牛仔裤的结构设计：裤子的结构设计着重于分割线、裤形和腰口的变化。牛仔裤的基本造型为臀围、裤脚较小而紧贴肌肤，直裆短至胯间；后幅以育克代替省道，以及形态结构的创新（图3-58~图3-61）。

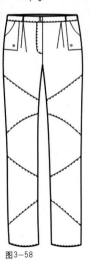 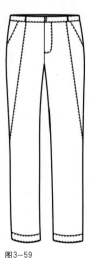  

图3-58　　　　　　图3-59　　　　　　图3-60　　　　　　图3-61

（2）牛仔裤的造型设计：牛仔裤的造型设计可分为适身型和宽松型。适身型造型特点是贴合人体臀、腰部和大腿，人体的曲线能够得到更好的展现。宽松型造型特点是宽松、裤腿大，穿着后给人一种松松垮垮的味道，让人有一种可爱、叛逆的感觉（图3-62~图3-65）。

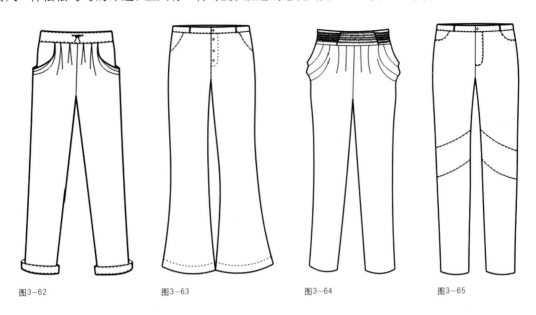

图3-62　　　　　图3-63　　　　　图3-64　　　　　图3-65

（3）牛仔裤的装饰设计：常见的装饰设计有水洗、破洞、毛边、留须、镶钉；明线车线／多条纹边线、固定线（之字线）；刺绣、珠片、皮毛，拼贴（雪纺、丝绒、条绒等不同材质的拼贴）；时尚的宽腰带、镂空、流苏、蕾丝、小立体花或者是布贴绣，都成为锦上添花的装饰设计（图3-66~图3-69）。

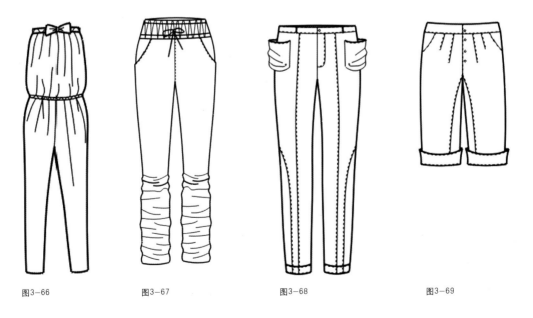

图3-66　　　　　图3-67　　　　　图3-68　　　　　图3-69

（4）部件设计：传统的裤子部件简单，且已形成一定的格式，大多仅在口袋的造型结构上改变，如侧缝袋、斜插袋、贴袋等（图3-70~图3-73）。

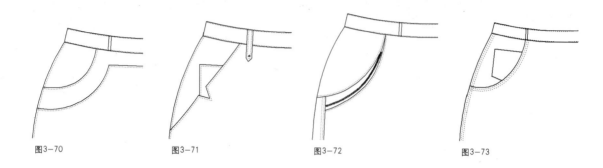

图3-70　　　　　图3-71　　　　　图3-72　　　　　图3-73

牛仔裤有多种形式的口袋，兼具实用和装饰功能。其多以橘黄色粗线作缉线，并配以金属扣钉，增强牢度和装饰感（图3-74~图3-77）。

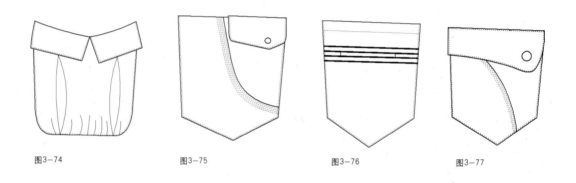

图3-74　　　　　图3-75　　　　　图3-76　　　　　图3-77

2. 面料选用

牛仔裤是很特殊的一类服装，它的主要特点是寿命很长，而且产品的价值随着寿命的增加也在不断地增加，也就是说越旧的牛仔裤，其实是应该越值钱的，同时也更漂亮。越洗越漂亮，越旧越有味，是牛仔裤不同于一般服装的显著特点。要达到这个目的，面料的质地无疑就显得至关重要了。面料不好的牛仔裤，不只是产品寿命短，穿着也不贴身、不舒服，而且易变形、掉色，在穿着过程中也达不到越旧越有价值的效果。同时，牛仔裤的附加值也是靠洗水来体现的，而洗水的好坏及效果，完全是依赖于面料的质地，没有好的面料，是根本不可能做出很高档的洗水效果来。可以说，一条牛仔裤的档次高低，很大程度上就是由面料的档次来决定的。

真正的牛仔裤是由100%的棉布做成的，甚至其缝线也是棉的；虽然可以用聚酯混纺面料代替棉布，不过不怎么流行。最常使用的染料是人工合成的靛青。传统的铆钉是铜制的，但是拉链和纽扣是铁制的。设计师的标牌由布料、皮革或塑料制成，有些也会用棉线刺绣在牛仔裤上。

从牛仔面料种类来讲可分为平纹、斜纹、人字纹、交织纹、竹节、暗纹，以及植绒牛仔等。从成分来讲，牛仔面料分精梳和普梳，有100%全棉，含弹力（莱卡）的，棉麻混纺的，以及天丝。除了上述传统产品以外，还有花色牛仔布。

3. 牛仔布后整理工艺介绍

牛仔布后整理工艺是使牛仔布具有独特风格的关键工序。随着工艺技术的进步，新型助剂的开发，牛仔布后整理加工已在传统工艺的基础上有了较大的发展，由传统的漂洗、石磨发展到纤维素酶石磨整理、生物抛光整理和纯棉的免烫整理，在牛仔布上进行各种功能整理，赋予牛仔服装拒水、阻燃、抗紫外线、健康等功能，使牛仔服装的品质及档次向多功能型转变，并具有高的附加值及经济效益。

4. 牛仔裤着装效果图（图3-78~图3-82）

图3-78

图3-79

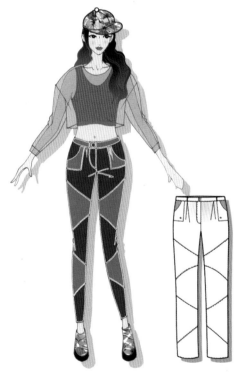

图3-80

图3-81

图3-82

【小贴士】

(1) 款式自然大方，既符合审美要求，又适合使用的功能性。

(2) 设计作品要求整洁，着装模特比例适当。

(3) 款式色彩搭配协调，元素运用恰当。

四、学习拓展

裤装穿着搭配（图3-83~图3-98）。

图3-83

图3-84

图3-85

图3-86

图3-87

图3-88

图3-89

图3-90

图3-91

图3-92

图3-93

图3-94

图3-95

图3-96

图3-97

图3-98

五、检查与评价

序 号	具体指标	分 值	自 评	小组互评 (组员互评)	教师评价	小 计
1	符合设计要求	2				
2	画面线条流畅	2				
3	色彩搭配和谐	2				
4	独立自主完成任务	2				
5	创意性	2				
合 计		10				

项目四　衬衫款式设计

单元描述

　　衬衫款式设计是最基础的上装设计练习之一。本章通过对衬衫的概念、分类等知识点的学习，重点练习衣领、袖子、过肩等各部件的样式设计。通过解析人体与衬衫之间的基本关系，掌控衬衫的整体造型变化。

　　衬衫的款式主要分为男式衬衫和女式衬衫，也可结合裙装设计拓展延伸到连衣裙。

技能目标

　　通过本任务学习，你应该：

　　(1)能分析基础衬衫的结构，并进行款式设计。

　　(2)掌握衬衫款式设计的基本要领。

　　(3)能了解衬衫的概念和分类。

　　(4)能根据造型确定不同的设计风格。

　　(5)掌握衬衫款式结构设计的重点在于衣领、袖子、过肩。

　　(6)能灵活运用装饰元素设计衬衫。

知识目标

　　(1)能按照基础款式图进行款式设计分析。

　　(2)了解面料特点、款式、规格。

　　(3)会运用正确方法进行面料估算，掌握面料整理能力，培养对于放松量的控制能力。

　　(4)了解衬衫的设计原理。

　　(5)能分析不同衬衫的款式特点。

　　(6)能独立设计，绘制出衬衫着装效果图。

任务一　男式衬衫款式设计

一、任务书

1. 任务要求

设计一款最基本、最常见、最简洁的男式衬衫的基础造型。

2. 技能目标

通过本任务学习，你应该：

(1)能分析基础男式衬衫的结构，并进行款式设计。

(2)掌握男式衬衫款式设计的基本要领。

(3)能了解男式衬衫的概念和分类。

(4) 能根据造型确定不同的设计风格。

(5) 掌握男式衬衫款式结构设计的重点在于衣领、袖子、过肩。

(6) 能灵活运用装饰元素设计衬衫。

二、知识链接

1. 男式衬衫的概念

衬衫也称衬衣,是一种有领、有袖、有袖口、有扣子、有前开襟的内上衣,属于一种西式单上衣。常贴身穿着,也是男士们不可或缺的必备衣物(图4-1)。

2. 男式衬衫的分类

男式衬衫的款型虽大体相同,但在细节上存在诸多区别。

图4-1

(1) 按用途分类:

①普通衬衫:是一种基本衬衫样式,一般与西装外套配穿。造型基本形式为翻领(由领面和领座构成),肩部有育克,明门襟,六粒纽扣,左胸前有贴袋,圆下摆,后片长于前片,后身过肩线有明褶,有袖克夫(cuff),有宝剑形明袖衩,面料一般以棉质为主(图4-2、图4-3)。

图4-2   图4-3

②休闲衬衫:也称为时装衬衫,是一种随时尚流行变化的休闲类衬衫。这类衬衫在保持衬衫基本造型的基础上,可以在结构、材质、色彩、装饰及工艺处理上根据时尚流行趋势或个人喜好自由变化。其款式自由,常把领、肩、胸、腰等部位的剪裁结构分散拆散,重新组合成新的结构(图4-4~图4-7)。

图4-4

图4-5

图4-6

图4-7

③礼服衬衫：是欧洲传统的古典式衬衫，特定与礼服搭配穿着，能衬托礼服高贵典雅的气质。根据搭配变化分为日礼服衬衫（图4-8）、塔西多（Tuxedo）衬衫（图4-9、图4-10）和燕尾服衬衫（图4-11）。其造型固定，讲究合体性和规范性，其设计的重点在于前胸、领部和袖口的细节，色彩上以高雅的颜色为主。

图4-8

图4-9

图4—10

图4—11

图4—12

图4—13

(2)按廓形分类：
①H形（图4—12）。
②X形（图4—13）。

3.男式衬衫的历史文化

据考证，在中国，中单、衬衫、衬衣、汗衫是同一种服装，是在不同历史时期的称谓。周代已有衬衫，这种服装形式，宋代已用衬衫之名。

19世纪40年代，西式衬衫传入中国。在西方，衬衫被认为是"绅士的颜面"，足见其重要性。如今，无论是西方的正规场合，还是生活中的休闲外套，都常配以衬衫穿着。

西式衬衫的始祖，可以追溯到古罗马时代男子穿用的丘尼卡（tunica），它是一种既可内穿也用于外穿的无领套头式长衫，为了穿脱方便，前颈口有一段开衩，用料以白色亚麻织物为主。大约在14世纪，北方的诺曼人为了防寒，开始在领口处装细带来扎口，并把敞开的袖口也用细带扎起来，于是，立领和袖克夫的衬衫雏形出现了。

到16世纪，这种衣服的两侧出现了开衩，袖口呈喇叭状造型，用鲜艳的丝带系扎并装饰有各种飞边、褶饰，华丽的袖口不甘被外衣袖口遮盖起来，这即是现在衬衫袖口要比外衣袖子长出1 cm左右的缘由。另外，当时扣子尚未普及，为了装饰前胸留下的空白，就出现了飞边和直褶的装饰，现在西式礼服衬衫胸前的装饰也是由此沿袭下来的。

16世纪后半叶，开始出现带有很强装饰性的褶饰领"拉夫（Ruff）"，到17世纪又演变成饰有大量蕾丝（Lace）的披肩领（Falling ruff，又称路易十三领），到17世纪40年代，领子演变成挂在胸前的两片布，并系扎起来，这种形式的出现为后来领带、领结的出现打下了基础。

进入19世纪后，随着外衣的简洁化和朴素化，衬衫也开始趋向现代造型样式。1840年，衬衫背后出现了过肩（Yoke）结构，开始流行用糨糊浆硬的立领，并逐步向现代的翻立领变化。到19世纪末，在美国终于出现了从上至下用扣子系合的前开式衬衫造型，结束了套头式衬衫的历史，从此确立了现代衬衫的样式。

三、任务实施

1. 男式衬衫的部件设计

（1）衣领及门襟设计。普通男衬衫的衣领是由翻领和领座构成，称为企领。礼服衬衫的衣领为双翼领，领缉线偶有变化。晚礼服衬衫胸前一般有装饰褶皱，以领结作为搭配。日礼服前胸无褶皱（图4-14~图4-17）。

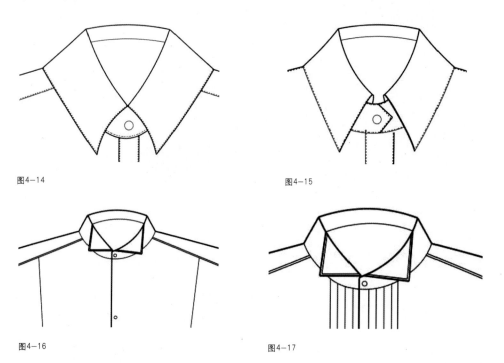

图4-14   图4-15

图4-16   图4-17

（2）肩部及背部设计。肩部及背部的变化是男式衬衫造型设计的重点之一。多样化的肩襻是肩部的常用装饰（图4-18、图4-19）。背部一般采用打褶和分割线来进行不同的造型设计，打褶的位置可以选择中间或两侧（图4-20~图4-22）。

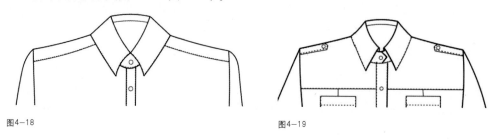

图4-18   图4-19

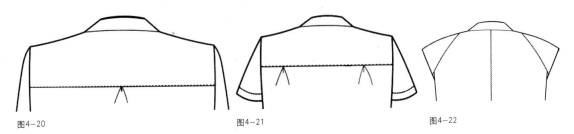

图4—20 图4—21 图4—22

（3）袖子设计。男式衬衫的袖子一般由袖身和袖头组成（图4—23~图4—26）。长袖袖头包括普通型和礼服型。普通型的袖口为明袖衩，以剑形为主，常见造型为圆角和方角，袖头钉一粒或两粒纽扣。礼服型的袖头采用双层翻折结构。

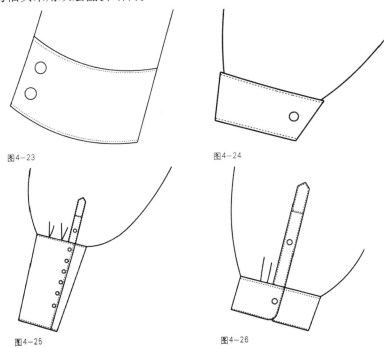

图4—23 图4—24

图4—25

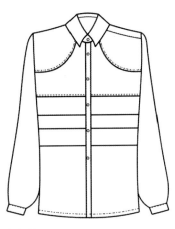

图4—26

2. 男式衬衫的款式设计

（1）普通衬衫：普通衬衫款式设计的重点在于领形和袖口的变化（图4—27~图4—30）。

图4—27 图4—28

图4-29　　　　　　　　　　　图4-30

（2）休闲衬衫：休闲衬衫的款式设计重点在于结构分割线和装饰上的变化（图4-31~图4-34）。

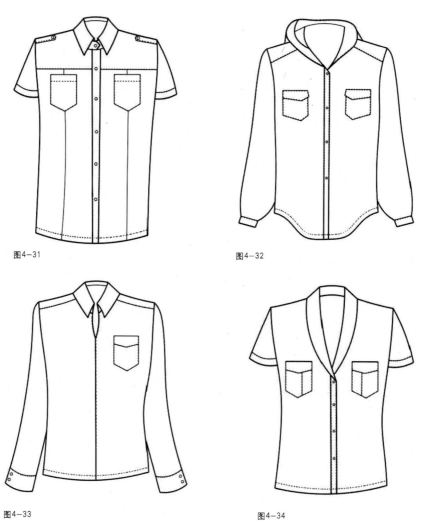

图4-31　　　　　　　　　　　图4-32

图4-33　　　　　　　　　　　图4-34

（3）礼服衬衫：礼服衬衫根据其不同的搭配，设计重点在于门襟和袖头的变化（图4-35~图4-38）。

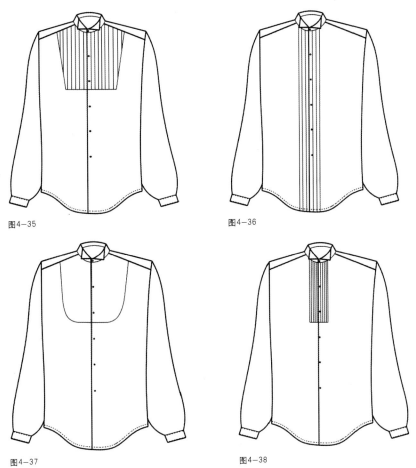

图4-35

图4-36

图4-37

图4-38

3.男式衬衫的着装效果图（图4-39~图4-43）

图4-39

图4-40

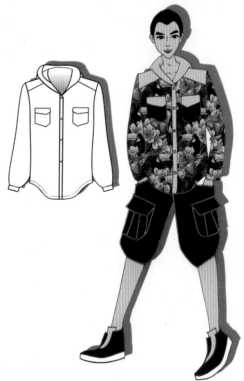

图4—41

图4—42

图4—43

【小贴士】

（1）款式自然大方，既符合审美要求，又适合使用的功能性。

（2）设计作品要求整洁，着装模特比例适当。

（3）款式色彩搭配协调，元素运用恰当。

四、学习拓展

男式衬衫穿着搭配（图4-44~图4-55）。

图4-44

图4-45

图4-46

图4-47

图4-48

图4-49

图4-50

图4-51

图4-52

图4-53

图4-54

图4-55

五、检查与评价

序　号	具体指标	分　值	自　评	小组互评 (组员互评)	教师评价	小　计
1	符合设计要求	2				
2	画面线条流畅	2				
3	色彩搭配和谐	2				
4	独立自主完成任务	2				
5	创意性	2				
合　计		10				

任务二　女式衬衫款式设计

一、任务书

1. 任务要求

设计一款最基本、最常见、最简洁的女式衬衫。

2. 技能目标

通过本任务学习，你应该：

(1) 能分析基础女式衬衫的结构，并进行款式设计。

(2) 掌握女式衬衫款式设计的基本要领。

(3) 能了解女式衬衫的概念和分类。

(4) 能根据造型确定不同的设计风格。

(5) 掌握女式衬衫款式结构设计的重点在于衣领、袖子、过肩。

(6) 能灵活运用装饰元素设计衬衫。

二、知识链接

1. 女式衬衫的概述

衬衫最初多为男用，20世纪50年代渐被女子采用，现已成为最常用的女式上装之一。

近年来，女式衬衫的款式不断变化，式样繁多。基本的款式为方形或圆形翻领，带领座，前中开襟，单排扣，门襟钉纽扣5粒。一片式长袖，袖口装袖头并钉纽扣一颗。款式适身合体，简洁大方，常贴身穿着，是白领丽人钟爱的职场必备衣物（图4-56）。

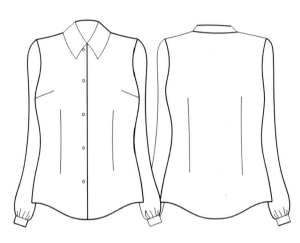

图4-56

2. 女式衬衫的分类

女式衬衫相较男式衬衫，除了正规场合穿着外，变化更加多样，样式也随意得多。

(1) 按风格可分为：商务衬衫（图4-57）、时装衬衫（图4-58）、休闲衬衫（图4-59）。

图4-57   图4-58   图4-59

（2）按领形可分为：方领（图4-60）、尖领（图4-61）、高领（图4-62）、无领（图4-63）、无规则领（图4-64）等。

图4-60　　　　　　　　　　　　图4-61

图4-62　　　　　　图4-63　　　　　　图4-64

（3）按外轮廓可分为：H形（图4-65）、X形（图4-66）、T形（图4-67）。

图4-65　　　　　　图4-66　　　　　　图4-67

(4) 按衣长可分为：短款 (图4-68)、中长款 (图4-69) 和长款 (图4-70)。

图4-68   图4-69   图4-70

三、任务实施

1. 女式衬衫的款式设计

(1) 结构设计：女式衬衫的结构设计重点在于领形、门襟、省道和分割线的运用 (图4-71~图4-74)。

图4-71   图4-72

图4-73   图4-74

（2）造型设计：女式衬衫的造型设计重点在于外形轮廓和衣服下摆的变化（图4-75~图4-78）。

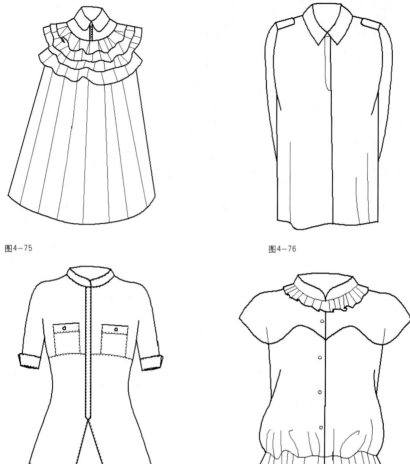

图4-75

图4-76

图4-77

图4-78

（3）装饰设计：女式衬衫的装饰设计重点在于口袋、分割装饰线、拉链、花边等元素的运用（图4-79~图4-82）。

图4-79

图4-80

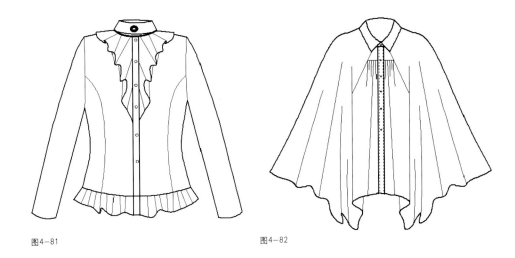

图4-81   图4-82

2. 部件设计

(1) 衣领及门襟设计。女式衬衫的衣领借鉴男式衬衫款式特点，一般多为翻领或立领（图4-83~图4-86）。

领形按造型可分为立领、无领、翻领、驳领、异形领；按高度可分为高领、中领、低领；按领线可分为方领、尖领、圆领、不规则领；按领的穿着状态可分为开门领、关门领；按领的结构分为连身领、装领等。

门襟多采用褶皱和分割线来装饰。

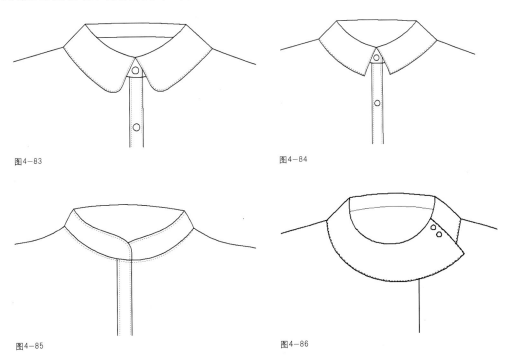

图4-83   图4-84

图4-85   图4-86

(2) 肩部及背部设计。肩部及背部的变化是女式衬衫造型设计的重点之一。肩部多借鉴男衬衫款式，背部造型可分收腰和不收腰两种（图4-87~图4-90）。

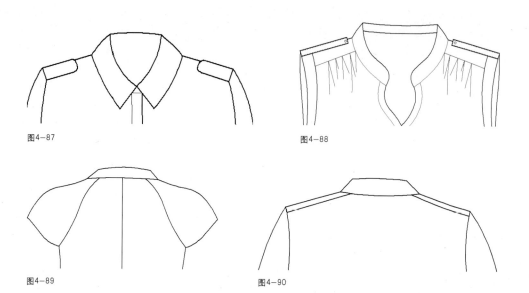

图4-87　　　　　　　　　　　　　　图4-88

图4-89　　　　　　　　　　　　　　图4-90

（3）袖子设计。长袖女式衬衫的袖子包括袖身和袖头。按不同需求，可分为短袖、五分袖、八分袖和长袖；按造型可分为直筒袖、泡泡袖和喇叭袖（图4-91~图4-94）。

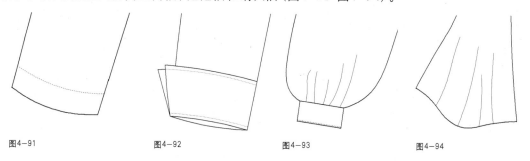

图4-91　　　　　　图4-92　　　　　　图4-93　　　　　　图4-94

3. 女式衬衫的着装效果图（图4-95~图4-99）

图4-95　　　　　　　　　　　　　　图4-96

图4-97

图4-98

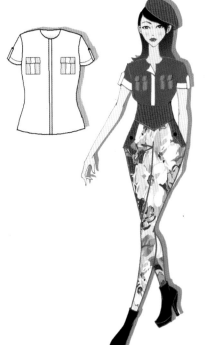

图4-99

【小贴士】

（1）款式自然大方，既符合审美要求，又适合使用的功能性。

（2）设计作品要求整洁，着装模特比例适当。

（3）款式色彩搭配协调，元素运用恰当。

四、学习拓展

女式衬衫穿着搭配（图4-100~图4-113）。

图4-100

图4-101

图4-102

图4-103

图4-104

图4-105

图4-106

图4-107

图4-108

图4-109

图4-110

图4-111

图4-112

图4-113

五、检查与评价

序　号	具体指标	分　值	自　评	小组互评 (组员互评)	教师评价	小　计
1	符合设计要求	2				
2	画面线条流畅	2				
3	色彩搭配和谐	2				
4	独立自主完成任务	2				
5	创意性	2				
合　计		10				

任务三　连衣裙款式设计

一、任务书

1. 任务要求

设计一款最基本、最常用、最简洁的连衣裙的基础造型。

2. 技能目标

通过本任务学习,你应该:

(1) 能分析基础服装结构,并进行款式设计。

(2) 掌握连衣裙款式设计的基本要领。

(3) 能了解连衣裙的不同种类。

(4) 能根据造型确定连衣裙的不同设计风格。

(5) 学会外套的款式结构设计的重点在腰线、外形、内部装饰等。

(6) 了解连衣裙的装饰设计。

二、知识链接

1. 连衣裙的概述

连衣裙为上衣与裙子相连的款式,造型灵活多变,穿着实用方便,是女性的基本款式,随着季节的变化而不断变化(图4-114)。

图4-114

2. 连衣裙的分类

(1) 按以人体为基础的造型分类，一般采用省道转移和剪辑线进行连衣裙的造型结构变化，会产生新的造型，如公主线的变化，各种直、斜、弧线剪辑线的变化，育克的变化以及领圈的变化等(图4-115~图4-118)。

图4-115

图4-116

图4-117

图4-118

（2）按腰线变化的设计分类，根据腰线位置的高低，连衣裙可分为高腰裙、中腰裙、低腰裙及无腰线。

①高腰裙是将腰线位置设定在胸围线附近，提高腰节线，提升视觉效果。采用高腰设计的裙装比较活泼，具有清逸之感（图4-119、图4-120）。

②中腰设计，是标准腰线设计，腰围线处使用剪辑线将上下装分开，上衣部分合体，下装部分则可以变化出不同的款式（图4-121、图4-122）。

图4-119

图4-120

图4-121

图4-122

③低腰设计是将裙装的腰围线下移到臀围线附近，可以展现或者掩饰臀部，若采用不同的造型，也能产生丰富多彩的效果（图4-123、图4-124）。

④无腰线设计，腰部不断开（图4-125、图4-126）。

图4-123

图4-124

图4-125

图4-126

(3) 按服装外轮廓设计分类,主要有以下几种。

①以字母命名:如A形、V形、H形、O形、Y形、T形、X形、S形等,这是一种常见的分类,它以英语大写字母作为名称,形象生动,其中A形 (图4-127)、V形 (图4-128)、H形 (图4-129)、X形 (图4-130) 被称为服装的四大造型。

图4-127

图4-128

图4-129

图4-130

②以几何造型命名：如长方形、正方形、圆形、椭圆形、梯形、三角形、球形等，这种分类整体感强，造型分明（如图4-131~图4-133）。

图4-131　　　　　　　　　　　　图4-132　　　　　　　　　　　　图4-133

③以具体事物命名：如气球形（图4-134）即上半身呈圆形，下半身则细长紧身，外观呈球形，如蝙蝠衫；酒瓶形（图4-135）即上半身紧窄合体，下半身蓬松向外，呈酒瓶状；钟形、喇叭形（图4-136）即上半身呈长而直线的造型，裙摆在臀围处放开，多用于舞台服装；陀螺形、圆桶形、帐篷形（图4-137）即肩部紧窄，裙摆宽大，形成上大下小的造型，呈帐篷型，如披风、斗篷；磁铁形（图4-138）即肩部圆顺，上身微鼓，向下至裙摆逐渐收紧，外呈马蹄铁形状；沙漏型（图4-139）即腰身收紧上下半身宽松，呈沙漏造型；蓬蓬形（图4-140）即上半身合体，下半身裙装向外蓬松扩张，如婚纱等。这种分类容易记住，便于辨别。

图4-134　　　　　　　　　　　　图4-135　　　　　　　　　　　　图4-136

图4-137 图4-138

图4-139 图4-140

3. 连衣裙的样式

连衣裙的样式变化主要体现为腰围剪接式（图4-141）、无剪接式(图4-142)及分割线较为突出(图4-143)。

图4-141   图4-142   图4-143

4.面料选用

连衣裙的面料根据款式、穿着场所、穿着对象进行选择。休闲类连衣裙采用面、麻等面料,透气舒适;礼服类连衣裙可采用丝绸、仿真丝类面料,华丽优雅;春夏连衣裙采用丝绸、雪纺、丝光棉等面料,轻薄凉爽;秋冬连衣裙可采用丝绒、毛料等面料,保暖厚实,根据面料的性能设计不同的连衣裙。

5.装饰设计

不同的装饰决定连衣裙的整体风格,淑女风格的连衣裙,可装饰蕾丝、钉珠、花边等;中性风格的连衣裙,可加肩攀、腰攀、分割线、压明线等装饰;民族风格的连衣裙,可添加一些民族图案;不同的风格装饰应突出重点,与服装形成协调感。

三、任务实施

1.连衣裙的设计

(1) 结构设计:连衣裙的结构设计重点在于省道和分割线的运用(图4-144~图4-147)。

图4-144

图4-145

图4-146

图4-147

（2）造型设计：连衣裙的造型设计重点在于腰线高低和下摆的大小变化（图4-148~图4-151）。

图4-148

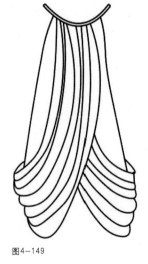

图4-149

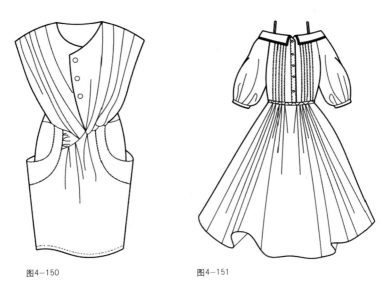

图4-150   图4-151

（3）装饰设计：连衣裙的装饰设计重点在于领子、褶裥、拉链等元素的运用（图4-152~图
4-155）。

图4-152   图4-153

图4-154   图4-155

2. 连衣裙着装效果图（图4-156~图4-161）

图4-156

图4-157

图4-158

图4-159

图4-160 图4-161

【小贴士】

1.款式自然大方，既符合审美要求，又适合使用的功能性。

2.设计作品要求整洁，着装模特比例适当。

3.款式色彩搭配协调，元素运用恰当。

四、学习拓展

连衣裙穿着搭配（图4-162~图4-177）。

图4-162

图4-163

图4-164

图4-165

图4-166

图4-167

图4-168

图4-169

图4-170

图4-171

图4-172

图4-173

图4-174

图4-175

图4-176

图4-177

五、检查与评价

序　号	具体指标	分　值	自　评	小组互评 (组员互评)	教师评价	小　计
1	符合设计要求	2				
2	画面线条流畅	2				
3	色彩搭配和谐	2				
4	独立自主完成任务	2				
5	创意性	2				
合　计		10				

项目五　外套款式设计

单元描述

　　款式设计是服装设计的基础，是最基本最原始的服装设计，也是一切变化服装款式的基础，是从人体的结构角度出发，解析人与服装之间的基本关系，其中包括外套的构成原理，款式的造型变化等诸多方面的知识。

　　外套款式设计主要分为男、女两用衫及其款式变化的设计。

技能目标

　　通过本任务学习，你应该：

　　(1) 能分析基础服装结构，并进行款式设计。

　　(2) 掌握款式设计的基本要领。

　　(3) 能了解外套的不同种类。

　　(4) 能根据造型确定不同的设计风格。

　　(5) 学会外套的款式结构设计的重点在领部、下摆、腰身等。

　　(6) 了解外套的部件设计。

知识目标

　　(1) 能按照基础款式图进行款式设计分析。

　　(2) 了解面料特点、款式规格。

　　(3) 会运用正确方法进行面料估算，掌握面料整理能力，培养服装设计基本能力。

　　(4) 了解外套在设计中的原理。

　　(5) 能分析不同外套的款式特点。

　　(6) 能根据款式效果图，想象穿在人体上的效果。

任务一　女式外套款式设计

一、任务书

1. 任务要求

设计一款最基本、最常用、最简洁的女式外套的基础造型。

2. 技能目标

通过本任务学习，你应该：

(1) 能分析基础服装结构，并进行款式设计。

(2) 掌握款式设计的基本要领。

(3) 能了解女式外套的不同种类。

(4) 能根据造型确定不同的设计风格。

(5) 学会女式外套的款式结构设计的重点在领部、下摆、腰身等。

(6) 了解女式外套的部件设计。

二、知识拓展

1. 外套的概述

一般指单衣外套之类,单件衣服不配套的,衣服的长度要比一般套装的上衣要长一些,是偏休闲类的衣服,通常指春、秋两季穿的衣服。

2. 外套的分类

(1) 两用衫按外形轮廓可分为: 夹克、猎装、小西装等 (图5-1、图5-2)。

图5-1　　　　　　　　　　　图5-2

(2) 按穿着的类型可分为: 紧身型 (图5-3)、适身型 (图5-4)、宽松型 (图5-5) 等。

(3) 按穿着的长短可分为:短外套 (图5-6)、长外套 (图5-7)、中长外套 (图5-8) 等。

图5-3

图5-4

图5-5

图5-6

图5-7

图5-8

3. 外套的样式

从上衣的具体品种来看，女装的式样造型和制图线条的特点以弧线为主，尤其是外形轮廓的处理和衣缝分割的组合，充分反映女性的温婉、优雅、飘逸舒展的阴柔之美。而男装的式样造型和制图线条一般采用直线或水平线的形式加以表现，力求大方端庄、粗犷豪放，以充分反映男性坚毅、刚强的阳刚之美。

三、知识链接

1. 女式外套的概念

女士外套又称大衣，是穿在最外的服装。外套的体积一般较大，长衣袖，在穿着时可覆盖上身的其他衣服。外套前端有纽扣或者拉链以便穿着，外套一般用作保暖或抵挡雨水。

2. 女式外套的分类

根据穿着形态的不同，女式外套可分为紧身型、适体型和宽松型三类。

（1）紧身型。紧身型上装在现在服装设计中变化丰富，紧身上装紧贴女性身体，凸现女性曲线，一般采用弹性面料或收省大，体现性感时尚感（图5-9、图5-10）。

图5-9　　　　　　　　　　　　　　　　　　图5-10

　　(2) 适体型。适体型上装是女装中的基本形态，穿在人身体上宽松适度，胸围与袖肥的放松度恰到好处，既保证了人体活动的放松量，又使服装造型优美。在服装上进行胸省、腰省、肩省处理形成合体的款式。女式上衣外套大多数属于适体女装，它穿在衬衣、背心等服装外，外套的款式变化多样，在款式和细节上都有不同的风格设计和设计元素，主要变化在廓形、领口、袖型、腰线、下摆、小西装、夹克等都属于适体型外套 (图5-11、图5-12)。

图5-11　　　　　　　　　　　　　　　　　　图5-12

(3) 宽松型。宽松型上衣一般较为宽大, 不合体。袖笼宽大, 衣身部分不收省, 穿着随意, 肩部一般采用连袖或肩线下移的设计, 活动方便 (图5-13、图5-14)。

图5-13   图5-14

3. 女式外套的样式

女式外套的样式变化主要体现为衣片的长短、外形轮廓的变化及分割线上较为突出。

4. 装饰设计

女式外套在装饰上十分多样, 如花边、蕾丝、钉珠、绣花、织带、打褶、铆钉等, 均可作为装饰出现在上装中, 不同的装饰体现不同的风格。

5. 面料选用

女式外套的面料选用可根据穿着者的时间、年龄和流行趋势而定, 包括棉、毛、化纤、皮革等。

四、任务实施

1. 女式外套的设计

(1) 结构设计: 女式外套的结构设计重点在于省道和分割线的运用 (图5-15~图5-18)。

图5-15

图5-16

图5-17

图5-18

（2）造型设计：女式外套的造型设计重点在于外形轮廓和衣服的下摆的变化（图5-19~图5-22）。

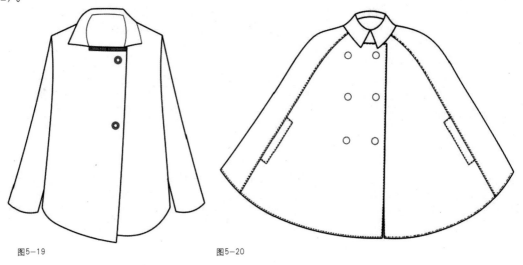

图5-19

图5-20

图5-21   图5-22

（3）装饰设计：女式外套的装饰设计重点在于口袋、分割装饰线、拉链、花边等元素的运用（图5-23~图5-26）。

图5-23   图5-24

图5-25   图5-26

2. 女式外套着装效果图（图5-27～图5-31）

图5-27

图5-28

图5-29

图5-30

图5-31

【小贴士】

（1）款式自然大方，既符合审美要求，又适合使用的功能性。

（2）设计作品要求整洁，着装模特比例适当。

（3）款式色彩搭配协调，元素运用恰当。

五、学习拓展

女式外套穿着搭配（图5-32~图5-59）。

图5-32

图5-33

图5-34

图5-35

图5-36

图5-37

图5-38

图5-39

图5-40

图5-41

图5-42

图5-43

图5-44

图5-45

图5—46

图5—47

图5—48

图5—49

图5-50

图5-51

图5-52

图5-53

图5-54

图5-55

图5-56

图5-57

图5—58

图5—59

六、检查与评价

序　号	具体指标	分　值	自　评	小组互评 (组员互评)	教师评价	小　计
1	符合设计要求	2				
2	画面线条流畅	2				
3	色彩搭配和谐	2				
4	独立自主完成任务	2				
5	创意性	2				
合　计		10				

任务二　男式夹克款式设计

一、任务书

1. 任务要求

设计一款最基本、最常用、最简洁的男式夹克的基础造型。

2. 技能目标

通过本任务学习,你应该:

(1) 能分析基础服装结构,并进行款式设计。

(2) 掌握款式设计的基本要领。

(3) 能了解男式夹克的不同种类。

(4) 能根据造型确定不同的设计风格。

(5) 学会男式夹克的款式结构设计的重点在领部、下摆、腰身等。

(6) 了解男式夹克的部件设计。

二、知识链接

1. 夹克的概念

夹克衫也称为便装,来源于工作服;是一种长度在腰、胯之间的上衣,下摆和袖口以克夫或松紧带收紧;后背、肩部加育克,并加褶裥;胸围和袖子宽松适度,以便于活动 (图5-60)。

图5-60

2. 夹克的分类

夹克按轮廓可分为V形、梯形、T形、直筒形四种。V形的造型是夸张肩部,衣身宽松风格粗犷而有力度(图5-61);梯形衣身是在腰以上部的衣长有较多余量的造型,较长的衣身在腰克夫处自然膨起,显得随意洒脱,活动、抬手等也较灵便(图5-62);T形造型基本合体,符合男性体形特点设计,加以适当的放松量具有短小精干、爽朗轻松的感觉(图5-63);直筒形的特点是宽松适度,不收腰部较大方、利索。夹克的结构设计变化丰富,主要表现在肩、袖、门襟、腰下摆及分割缝等方面(图5-64)。

图5-61

图5-62

图5-63

图5-64

3. 夹克的样式变化

(1) 衣身长度比一般外衣稍短,最短长度至腰节处,用克夫或松紧带适度收紧下摆。前后衣身一般采用分割设计,并压辑明线作装饰。

(2) 衣领:衣领主要有翻领、立领、罗纹领、西服领等变化 (图5-65~图5-68)。

图5-65

图5-66

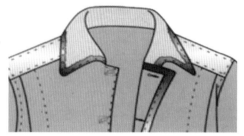
图5-67

图5-68

（3）口袋：口袋多采用插袋、贴袋及各种装饰袋。口袋的设计变化是夹克的一大特点，主要以大口袋、粗犷、多变的形状为设计要点。

（4）肩部：肩部加装饰线或肩攀，运用不同形式的肩育克。

（5）袖子：袖子有插肩袖、半插肩袖、连肩袖、一片袖、蝙蝠袖等。袖身宽大，袖口收紧。可根据夹克的整体设计风格选用不同的衣袖，加不同的装饰。

（6）门襟：门襟有拉链式、定扣式、普通叠门式三种。

（7）腰克夫：腰克夫有松口式、松紧罗纹式、克夫边式等。门襟与腰克夫的设计应协调，在风格上形成一致效果（图5-69、图5-70）。

图5-69

图5-70

4. 装饰设计

夹克的装饰设计与饰物使用应与缝制的整体风格相协调。常用的装饰手法有：缝钉商标、拉链、金属纽扣、金属搭扣、金属领角、印染图案、文字、刺绣花纹。在领部、肘部、肩部等处以皮革服饰或使用不同质地、不同色彩的面料镶、拼、贴、补、嵌等。一些新潮风格的夹克在装饰设计上更可别出心裁，以取得独特的服饰效果。

5.面料设计

夹克的面料选用可根据穿着者的时间、年龄和流行趋势而定，包括棉、毛、化纤、皮革等。

三、任务实施

1.夹克的设计

(1) 结构设计：夹克结构设计的重点在于分割线及衣身长短的运用（图5-71~图5-74）。

图5-71

图5-72

图5-73

图5-74

（2）造型设计：夹克造型设计的重点在于外形及下摆的变化（图5-75~图5-78）。

图5-75　　　　　　　图5-76

图5-77　　　　　　　图5-78

（3）辅料配件设计：夹克辅料配件设计的重点在于口袋、拉链、压缉明线等的变化（图5-79~图5-82）。

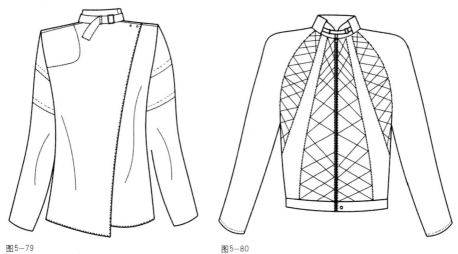

图5-79　　　　　　　图5-80

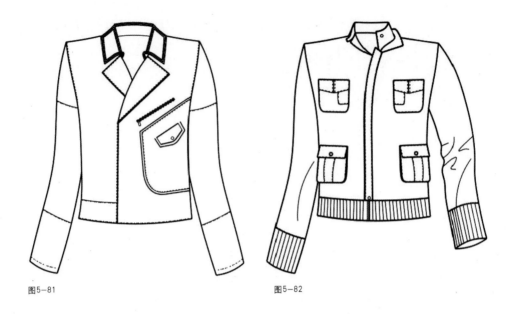

图5-81

图5-82

2. 夹克着装效果图（图5-83~图5-86）

图5-83

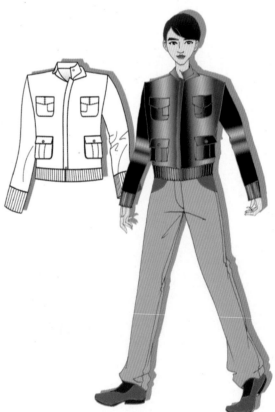

图5-84

图5-85

图5-86

四、学习拓展

男式夹克穿着搭配（图5-87~图5-98）。

图5-87

图5-88

图5-89

图5-90

图5-91

图5-92

图5-93

图5-94

图5-95

图5-96

图5-97

图5-98

五、检查与评价

序　号	具体指标	分　值	自　评	小组互评 (组员互评)	教师评价	小　计
1	符合设计要求	2				
2	画面线条流畅	2				
3	色彩搭配和谐	2				
4	独立自主完成任务	2				
5	创意性	2				
合　计		10				

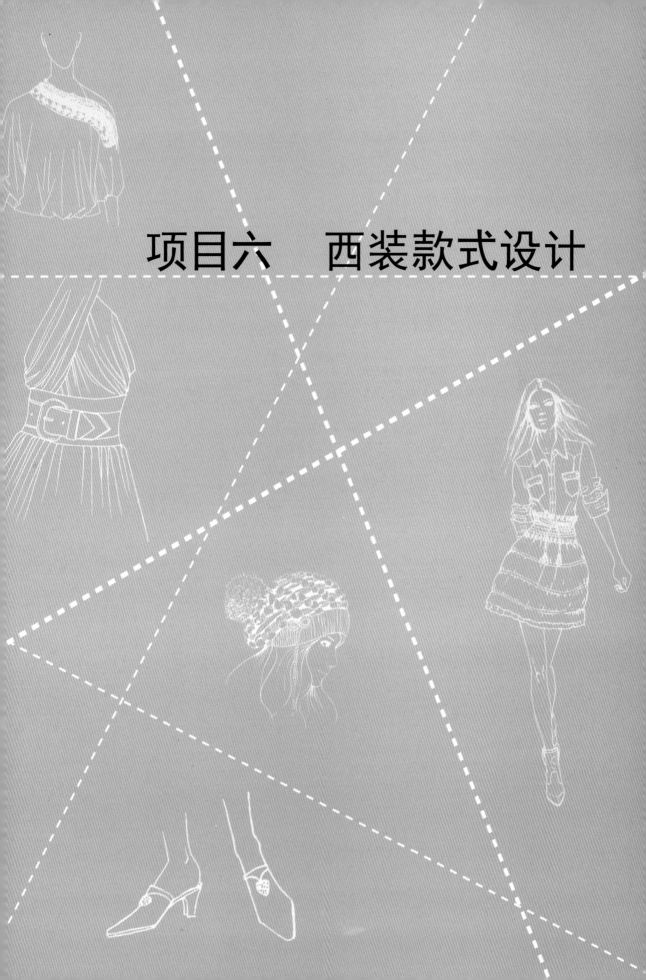

项目六　西装款式设计

单元描述

　　西装主要分为男式西装和女式西装,是人们出席正式场合或者参加严肃正式会议时穿着的服装款式。其基本款式按领型、省道、款式的变化可以分为正式装和休闲装。

技能目标

　　通过本任务学习,你应该:

　　(1)能分析基础正装的结构,并进行款式设计。

　　(2)掌握西装款式设计的基本要领。

　　(3)能了解西装的概念和种类。

　　(4)能根据造型设计确定不同的设计风格。

　　(5)了解西装的款式结构设计的重点在领部、腰部和下摆。

　　(6)掌握西装的部件设计重点。

知识目标

　　(1)能按照基础款式图进行款式设计分析。

　　(2)了解面料特点、款式规格。

　　(3)会运用正确方法进行面料估算,掌握面料整理能力,培养服装设计基本能力。

　　(4)了解西装在设计中的原理。

　　(5)能分析不同西装的款式特点。

　　(6)能独立设计,绘制出西装着装效果图。

任务一　女式西装款式设计

一、任务书

1. 任务要求

设计一款最基本、最常用、最简洁的女式西装的基础造型。

2. 技能目标

通过本任务学习,你应该:

(1) 能分析基础服装结构,并进行款式设计。

(2) 掌握女式西装款式设计的基本要领。

(3) 能了解女式西装的不同种类。

(4) 能根据造型确定女式西装不同的设计风格。

(5) 学会女式西装款式结构设计的重点在领部、腰部和下摆。

(6) 掌握女式西装的部件设计重点。

二、知识拓展

1. 西装的概述

西装广义指西式服装，是相对于"中式服装"而言的欧系服装；狭义指西式上装或西式套装。

西装通常是公司企业从业人员、政府机关从业人员在较为正式的场合着装的一个首选。西装一般由开领、宽肩、小摆等构成。腰部与胸部、领子的款式造型，是西装设计的关键。省道的变化、领子的造型、大小都是影响西装款式造型是否大气美观的重要因素。

西装的主要特点是外观挺括、线条流畅、穿着舒适。若配上领带或领结后，则更显得高雅典朴。在日益开放的现代社会，西装作为一种衣着款式也进入到女性服装的行列，体现女性和男士一样的独立、自信，也有人称西装为女人的千变外套。

2. 西装的分类

（1）按穿着者的性别和年龄可分为：男式西装(图6-1)、女式西装(图6-2)和儿童西装 (图6-3、图6-4) 等。

图6-1

图6-2

图6-3

图6-4

（2）按场合分类：可以分为商务制服（图6-5）、礼服（图6-6）、校服（图6-7）、便服（图6-8）等。

图6-5

图6-6

图6-7

图6-8

（3）按西装上衣的纽扣排列来分类，可以分为单排扣西装上衣（图6-9）与双排扣西装上衣（图6-10）。

图6-9   图6-10

3. 西装的文化

西装源于北欧南下的日尔曼民族服装,据说当时是西欧渔民穿的,他们终年与海洋为伴,在海里谋生,着装散领、少扣,捕起鱼来才会方便。它以人体活动和体形等特点的结构分离组合为原则,形成了以打褶(省)、分片、分体的服装缝制方法,并以此确立了日后流行的服装结构模式。也有资料认为,西装源自英国王室的传统服装。它是以男士穿同一面料成套搭配的三件套装,由上衣、背心和裤子组成,在造型上延续了男士礼服的基本形式,属于日常服中的正统装束,使用场合甚为广泛,并从欧洲影响到国际社会,成为世界指导性服装,即国际服。

三、知识链接

1. 女式西装的概述

现代女式西服套装多数限于商务场合。20世纪初,由外套和裙子组成的套装成为西方女性日间的一般服饰,适合上班和日常穿着(图6-11)。女性套装比男性套装材质更轻柔,裁剪也较贴身,以突显女性身型充满曲线感的姿态。60年代开始出现配裤子的女性套装,但被接受为上班服饰的过程较慢。随着时代发展、社会开放,套装的裙子也有向短款发展的趋势。90年代,迷你裙再度成为流行服饰,西装短裙套装应运而生。

图6-11

2. 女式西装的分类

女式西装主要由前后衣片、袖片、领、驳头等几个部分组成。根据穿着形态的不同，结构较严谨的西装款式，从外形上可分为紧身型（图6-12）、适身型（图6-13）、宽松型（图6-14）等。

图6-12　　　　　　　　　　　　图6-13　　　　　　　　　　　　图6-14

3. 女式西装的样式

女式西装的样式可分为西服套装（图6-15）、时装西装（图6-16）、休闲西装（图6-17）、制服西装（图6-18）、枪驳头西装（图6-19）、平驳头西装（图6-20）、青果领西装（图6-21）、平下摆西装（图6-22）、圆下摆西装（图6-23）、不规则下摆西装（图6-24）等。

图6-15

图6-16

图6-17

图6-18

图6-19

图6-20

图6-21

图6-22

图6-23 图6-24

4. 女式西服的重要性

随着社会发展和文明进步，女性社会地位的提高，现代女性的消费理念也在更新，她们对服饰的功能要求越来越细化，要求服饰既方便，又能与经常变动的生活场景相适应。同时，现代女性消费者对于服饰的文化底蕴越来越重视，既要美丽大方又要展现其独特性。

四、任务实施

1. 女式西装的设计

(1) 结构设计：女式西装的结构设计重点在省道和分割线的运用 (图6-25~图6-28)。

图6-25

图6-26

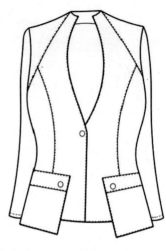

图6-27

图6-28

（2）造型设计：女式西装的造型设计重点在于衣服的下摆、领、门襟的变化（图6-29~图6-32）。

图6-29

图6-30

图6-31

图6-32

（3）装饰设计：女式西装的装饰设计在于袋位的高低、驳头的大小、花边等元素的运用（图6-33~图6-36）。

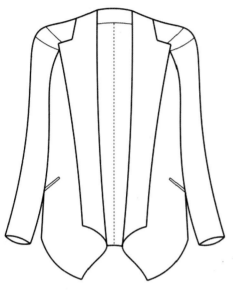

图6-33

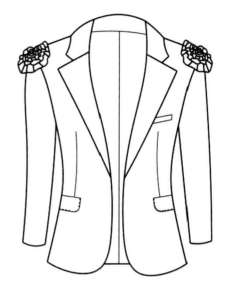

图6-34

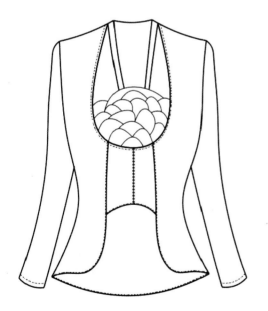

图6-35

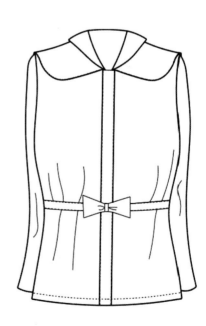

图6-36

2. 女式西装的着装效果图（图6-37~图6-41）

图6-37

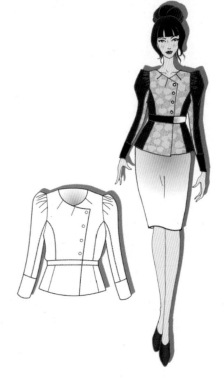

图6-38

图6-39

图6-40

图6-41

【小贴士】

（1）款式自然大方，既符合审美要求，又适合使用的功能性。

（2）设计作品要求整洁，着装模特比例适当。

（3）款式色彩搭配协调，元素运用恰当。

五、学习拓展

女式西装穿着搭配（图6-42~图6-61）。

图6-42

图6-43

图6-44

图6-45

图6-46

图6-47

图6-48

图6-49

图6-50

图6-51

图6-52

图6-53

图6-54

图6-55

图6-56

图6-57

图6-58

图6-59

图6-60

图6-61

六、检查与评价

序 号	具体指标	分 值	自 评	小组互评 (组员互评)	教师评价	小 计
1	符合设计要求	2				
2	画面线条流畅	2				
3	色彩搭配和谐	2				
4	独立自主完成任务	2				
5	创意性	2				
合 计		10				

任务二 男式西装款式设计

一、任务书

1. 任务要求

设计一款最基本、最常用、最简洁的男式西装的基础造型。

2. 技能目标

通过本任务学习,你应该:

(1) 能分析基础服装结构,并进行不同分割线款式设计。

(2) 掌握西装款式设计的基本要领。

(3) 能了解男式西装的不同种类。

(4) 能根据造型确定男式西装不同的设计风格。

(5) 学会男式西装款式结构设计的重点在领部、腰部和下摆。

(6) 掌握男式西装的部件设计重点。

二、知识链接

1. 男式西装的概述

西装一直是男性服装王国的宠物,"西装革履"常用来形容文质彬彬的绅士俊男。若配上领带或领结后,则更显得高雅典朴。

男式西装一般由前后片、袖子、前胸袋、手巾袋等几部分组成。西装的设计首先要明确西装的种类、穿着对象与场合,然后进行针对性设计(图6-62)。

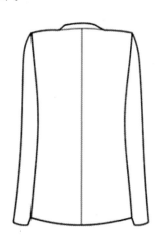

图6-62

2. 男式西装的分类

（1）按类型分类：分为商务西装（图6-63）、礼服西装（图6-64）、运动西装（图6-65）以及休闲西装（图6-66）等。

不同的西装具有不同的设计要求。商务西装、礼服西装是在正式场合穿着西装，其穿着、搭配以及工艺都十分讲究，注重礼仪；而运动西装等休闲类西装则相对随意。

图6-63

图6-64

图6-65

图6-66

（2）按版型分类：分为欧版西装、美版西装、英版西装、日版西装等。

①欧版西装：它实际上是在欧洲大陆，如意大利、法国流行的。总体来讲，它们都称为欧版西装。欧版西装的基本轮廓是倒梯形，实际上就是肩宽收腰，这和欧洲男人比较高大魁梧的身材相吻合。双排扣、收腰、肩宽也是欧版西装的基本特点（图6-67、图6-68）。

图6-67　　　　　　　　　　　　　　　　　　　　图6-68

②英版西装：它是欧版的一个变种。它是单排扣，但是领子比较狭长，这和盎格鲁-萨克逊人这个主体民族有关。盎格鲁-萨克逊人的脸形比较长，所以他们的西装领子比较宽广，也比较狭长。英版西装，一般是三个扣子的居多，其基本轮廓也是倒梯形（图6-69、图6-70）。

图6-69　　　　　　　　　　　　　　　　　图6-70

③美版西装：即美国版的西装，其基本轮廓特点是O形。它宽松肥大，适合于休闲场合穿。所以美版西装往往以单件者居多，一般都是休闲风格。美国人一般着装的基本特点可以用四个字来概括，就是宽衣大裤。美版西装强调舒适、随意，是美国人的特点（图6-71、图6-72）。

图6-71 图6-72

④日版西装：它的基本轮廓是H形的。它适合亚洲男人的身材，没有宽肩，也没有细腰。一般而言，它多是单排扣式，衣后不开衩（图6-73、图6-74）。

图6-73 图6-74

（3）按廓形分类：分为X形（图6-75）、H形（图6-76）、T形（图6-77）。

图6-75

图6-76

图6-77

（4）按领形分类：分为平领、枪驳领、青果领等。

①平驳领（图6-78）：这是一种适合穿着场合比较广的西装类型，如果是对西装没什么研究的新人的话，那可以放心选择这种西装，商务、婚礼、休闲都可以穿，包括在日常生活中使用的场合也很多。此类西装颜色比较沉稳的，适合婚礼等重要场合以及工作场合。颜色比较活泼的西装就可以在休闲、娱乐场合穿。

②枪驳领（图6-79）：枪驳领西装比较特别，既有平驳领的稳重、经典，又有礼服款的精致、优雅。适合在年会、酒会、婚礼等重要场合穿。特别是包绢的枪驳领会给人感觉更加高贵。小驳领更适合年轻人，混搭穿出不同的风情。

③青果领（图6-80）：青果领又名大刀领，也是礼服领中的一款，适合在隆重场合穿，但是经过改良的小驳领不但适合在正式婚礼中穿着，也可以通过混搭在平时休闲的时候穿。

图6-78

图6-79

图6-80

3. 男式西装的部件

西装的结构形式较为固定，礼服西装更有其严格的式样，少有改变。西装的领、袖、衣长等基本设计没有太大的变化，只是在门襟、驳领的宽度与角度、衣摆等地方进行变化。

（1）口袋设计：西装的口袋有双嵌线袋（图6-81）、单嵌线袋（图6-82）、盖口袋（图6-83）、贴袋（图6-84）等。嵌线袋一般为西装套装所用，而贴袋等为休闲西装，不同的口袋要根据西装的种类和式样来定。

图6-81　　　　　　　　　　　图6-82　　　　　　　　　　　图6-83

图6-84

（2）西装的开叉：西装的开叉分为无开叉（图6-85）、中间开叉（图6-86）、侧面开叉（图6-87）等。合体型一般不开叉，西方或身材高大的男性一般穿有开叉的西装。

图6-85　　　　　　　　　　　图6-86　　　　　　　　　　　图6-87

4. 男式西装的配饰

男式西装的配饰有领带、鞋、袜子、手帕、领结、领带夹等。作为衣着整体美的组成部分,它是浓缩了的文化艺术标志。

①花眼:西装左边的翻领上都有一个扣眼,而右侧的领子上却不钉相匹配的纽扣,许多人对此不理解。其实,它是用来扣住右侧领子的第一颗暗纽扣的,作防风沙和冬天保暖用。它的原型是"俏皮眼"。早在19世纪的欧洲,贵族子弟为显示自己的洒脱风流,逗惹情人的愉悦,往往在自己的胸前藏朵小花,于是左领上的扣眼就成了鲜花插座,背地里称"俏皮眼",公开场合冠以"美人肯""花眼"的雅号。时至21世纪,许多年轻人仍在此扣眼上插小花、徽章之类点缀。它主要是起装饰的作用(图6-88、图6-89)。

 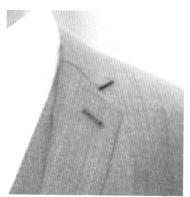

 图6-88　　　　图6-89

②纽扣:各款西装上衣袖口处均钉2~5枚小纽扣作装饰,这对窄而短的西装袖来说有和谐、放松的作用。它的来历十分有趣。传说法国历史上的大腕人物拿破仑一生以注重军容著称于世。他手下有位鲁莽将军鲁彼金,此人能征善战,但风纪不整。他常常往袖口上抹鼻涕。为此拿破仑多次训诫,但不见效,开除军职吧,他又是难得的将才。后来拿破仑令军需将军服的袖口一律安上装饰性尖铜钉,不但壮了军容,也使鲁彼金用袖口揩鼻涕的陋习得以纠正。后来几经改正,尖铜钉变成了装饰扣,但钉于袖口前诸多不便,才逐渐移到袖口的背面去 (图6-90、图6-91)。

 图6-90　　　　　　　　　　　图6-91

③垫肩:垫肩是西装造型的重要辅料,人们说它"暗中作美事",因为它衬垫的内部不显露出来。据说最初使用垫肩的人是英王乔治一世。他相貌堂堂,但却有点"柳肩",穿西装有点"发水",缺乏男子汉风度。苦恼中,他令人做了一副假肩缝于内衣上,使"柳肩"得以矫正。当西装热席卷英伦时,服装师将乔治一世的办法移来,使垫肩与西装为伍,成为一种美谈。

④领带：古代的西方人，特别是居住在深山老林中的日耳曼人，以狩猎谋生，披兽皮取暖御寒，为不使兽皮从身上掉落，就用皮条、草绳将兽皮串结在脖子上，这是领带的原型。最原始的领带出现于17世纪的欧洲，当年一队南斯拉夫克罗地亚骑兵队走在巴黎街头，士兵的脖子上都系着一条五颜六色的布带藉以御寒。巴黎上层觉得这种打扮新异、帅气，争相效仿，一时在衬衣领上系带面风，这就是领带的来历（图6-92~图6-94）。

图6-92   图6-93   图6-94

⑤领结：1650年的一天，法国的一位大臣上朝言事，脖子上系了一条白绸巾，并打了一个漂亮的三角结。法国路易十四见后大加赞赏，并钦定衣领结为高贵，下令凡尔赛的上流人物都得效仿。爱风流的路易十四演习了打结法，一时系领带（巾）打结附庸风雅的人骤增，并延续下来。领带的系法很多，式样也越来越丰富（图6-95~图6-98）。

图6-95   图6-96   图6-97   图6-98

⑥上衣袋装手帕：上衣代装手帕作美化物已风靡全球，各种拟花式样的手帕常使人仪态生辉，有画龙点睛之妙。这个小巧的饰物最先流行于美国哥伦比亚等八所高等学府。他（她）们着西装时爱把手帕做成隆起式花型，边角掩于袋内，外露一部分，称为"爱彼褶型"。这是一种学士风格美的模式，后来被社会各阶层人士所接受，手帕也越来越五彩缤纷，成为博雅的一种标志图（图6-99、图6-100）。

图6-99　　　　　　　　　　　　　图6-100

5. 男式西装的面料

男式西装的面料应该先考虑天然面料，毛料在秋冬西服中当然是首选，纯毛、纯羊绒的面料以及高比例含毛的毛涤混纺面料都可做西服的面料。轻薄的毛料比全棉、亚麻或真丝面料更有气派，也更挺括耐穿。

三、任务实施

1. 男式西装的设计

(1) 结构设计：男式西装结构设计的重点在于省道和分割线的运用（图6-101~图6-104）。

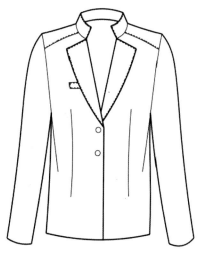 

图6-101　　　　　　　　　　　　　图6-102

图6-103 　　　　　　　　　　　　　图6-104

(2) 造型设计: 男式西装的造型设计着重于外型及衣服的长短变化 (图6-105~图6-108)。

图6-105 　　　　　　　　　　　　　图6-106

图6-107 　　　　　　　　　　　　　图6-108

（3）装饰设计：男式西装的装饰设计重点在于领子、口袋等元素的运用（图6-109~图6-112）。

图6-109

图6-110

图6-111

图6-112

2. 男式西装着装效果图（图6-113~图6-117）

图6-113

图6-114

图6-115

图6-116

图6-117

【小贴士】

　　（1）款式自然大方，既符合审美要求，又适合使用的功能性。

　　（2）设计作品要求整洁，着装模特比例适当。

　　（3）款式色彩搭配协调，元素运用恰当。

四、学习拓展

男式西装穿着搭配（图6-118~图6-143）。

图6-118

图6-119

图6-120

图6-121

图6-122

图6-123

图6-124

图6-125

图6-126

图6-127

图6-128

图6-129

图6-130

图6-131

图6-132

图6-133

图6-134

图6-135

图6-136

图6-137

图6-138

图6-139

图6-140

图6-141

图6-142

图6-143

五、检查与评价

序　号	具体指标	分　值	自　评	小组互评 (组员互评)	教师评价	小　计
1	符合设计要求	2				
2	画面线条流畅	2				
3	色彩搭配和谐	2				
4	独立自主完成任务	2				
5	创意性	2				
合　计		10				

参考文献

[1] 海纳.21款亮丽拼布手袋[M].北京：人民邮电出版社，2010.

[2] 陈尚斌.男衬衫设计与技术[M].上海：东华大学出版社，2012.

[3] 英瑞特.精美围裙自己做[M].郑州：河南科学技术出版社，2011.

[4] 周文杰.男装设计艺术[M].北京：化学工业出版社，2013.

[5] 郭琦.手绘服装款式设计1000例[M].上海：东华大学出版社，2013.